苦手を"おもしろい"に変える!

大人になってからもう一度受けたい授業

元素の世界

監修 若林文高
国立科学博物館名誉研究員

朝日新聞出版

はじめに

最近「元素」という言葉をよく見かけますが「元素」ってなんでしょうか？　学校時代に聞いたかもしれませんが、ちょっと復習してみましょう。
「元素」という漢字を分けて見ると「元」と「素」。どちらも「もと」です。そうです、元素はこの世界をつくっている「もと」です。私たちの身体も、すぐ目の前の世界も、そして遠い宇宙の世界も、それらをつくっている物質はすべて元素からできています。元素は英語では“element”といい、まさに世界をつくっている「要素」、「基本」といえます。

現在知られている物質は、およそ1億9０００万種類。実に2億近い種類の物質が知られています。50年ほど前の高校化学の教科書には２００万～３００万種類と書かれていましたので、50年で実に数十～百倍になりました。一方、現在知られている元素は１１８種類。そのなかには２００４年に日本で発見された元素「ニホニウム」もあります。50年前には百数種類でしたので、50年で10数種類しか増えていません。そのうち天然に存在する元素はおよそ90種類。２億種類近くの物質が、たった90種類ほどの元素の組み合わせでできています。２億種類もの物質を１つ１つ知ることはたいへんですが、少数の元素について知ると多くの物質の性質を予測することができるのです。しかも、元素はばらばらの性質を持つものではなく、ある一定の規則に従ってグループ分けされ、「周期表」という形に整理されています。この周期表を見ると元素のおおよその性質、ひいてはその元素からできている物質の性質を予測できます。

日々の生活で、食品やサプリメントなどの成分表示やニュースなどで元素の名前を見かけることが多くなってきました。今後の人類の運命を決めるとも考えられているSDGs（持続可能な開発目標）にも、そしてスマホやインターネットなどのハイテクでもさまざまな物質が重要な役割を果たしていて、元素について知ることは、私たちの生き方、未来をよりよいものにしていくうえでとても大事になってきています。

この本には元素に関するエッセンスが盛り込まれています。元素の基本や、118種類の元素1つ1つの性質と用途などについて短い表現のなかに本当に大事なことがわかりやすく書かれていて、気軽に読みながら元素の概略を理解できるようになっています。SDGsやハイテクで重要な働きをする元素についても書かれていますので、どうぞご活用ください。

2021年10月

若林文高

＊本書は、できるだけ身近なところから元素に親しんでいただきたいと考え、第1章で暮らしや社会と元素の関わり合いについて説明しています。第2章で118の元素についてそれぞれ説明しました。元素の基礎的なことについては第3章で説明していますので、まずは基礎から学びたい人は、第3章から読むとよいでしょう。

大人になってからもう一度受けたい授業
元素の世界──もくじ

第1章 元素を知ると歴史がわかる。未来が見える

第2章 図解でわかる全118元素

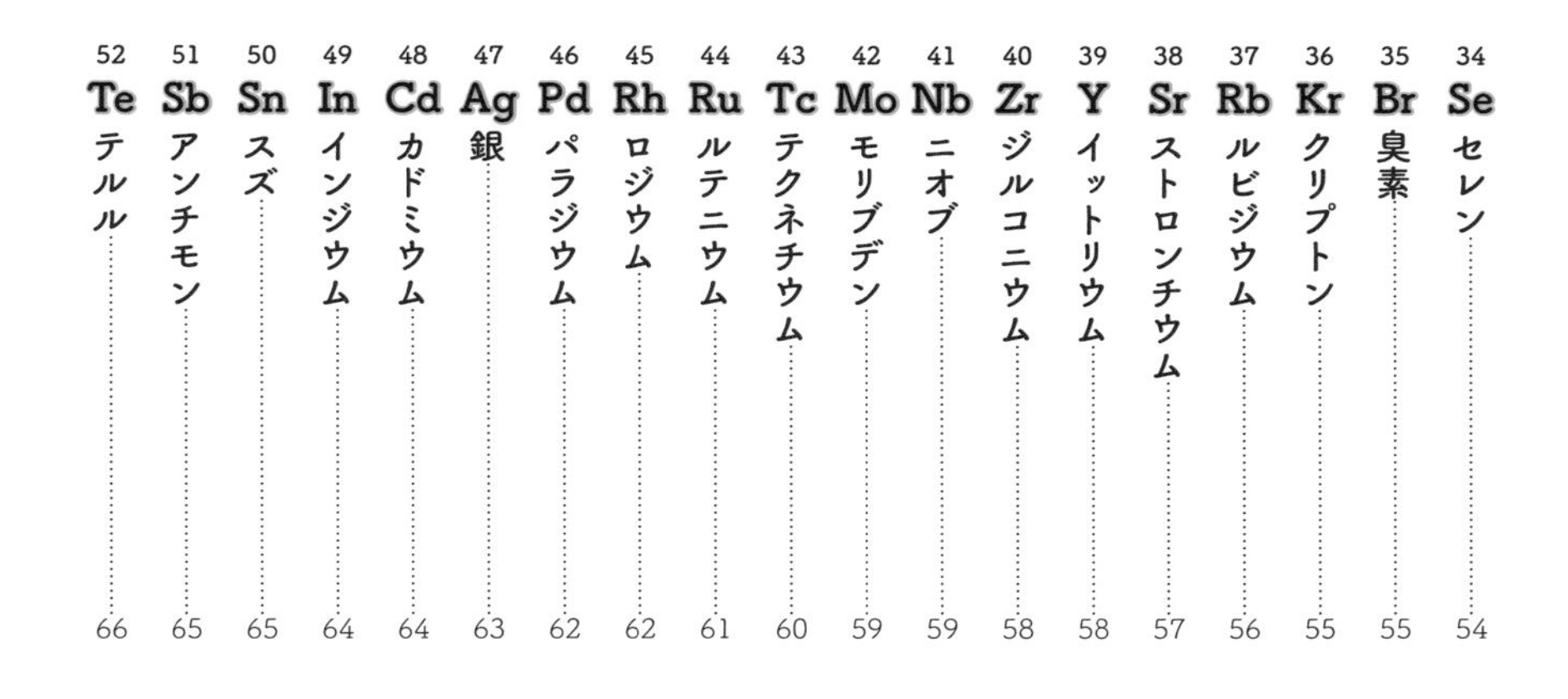
34 Se セレン 54
35 Br 臭素 55
36 Kr クリプトン 55
37 Rb ルビジウム 56
38 Sr ストロンチウム 57
39 Y イットリウム 58
40 Zr ジルコニウム 58
41 Nb ニオブ 59
42 Mo モリブデン 59
43 Tc テクネチウム 60
44 Ru ルテニウム 61
45 Rh ロジウム 62
46 Pd パラジウム 62
47 Ag 銀 63
48 Cd カドミウム 64
49 In インジウム 64
50 Sn スズ 65
51 Sb アンチモン 65
52 Te テルル 66

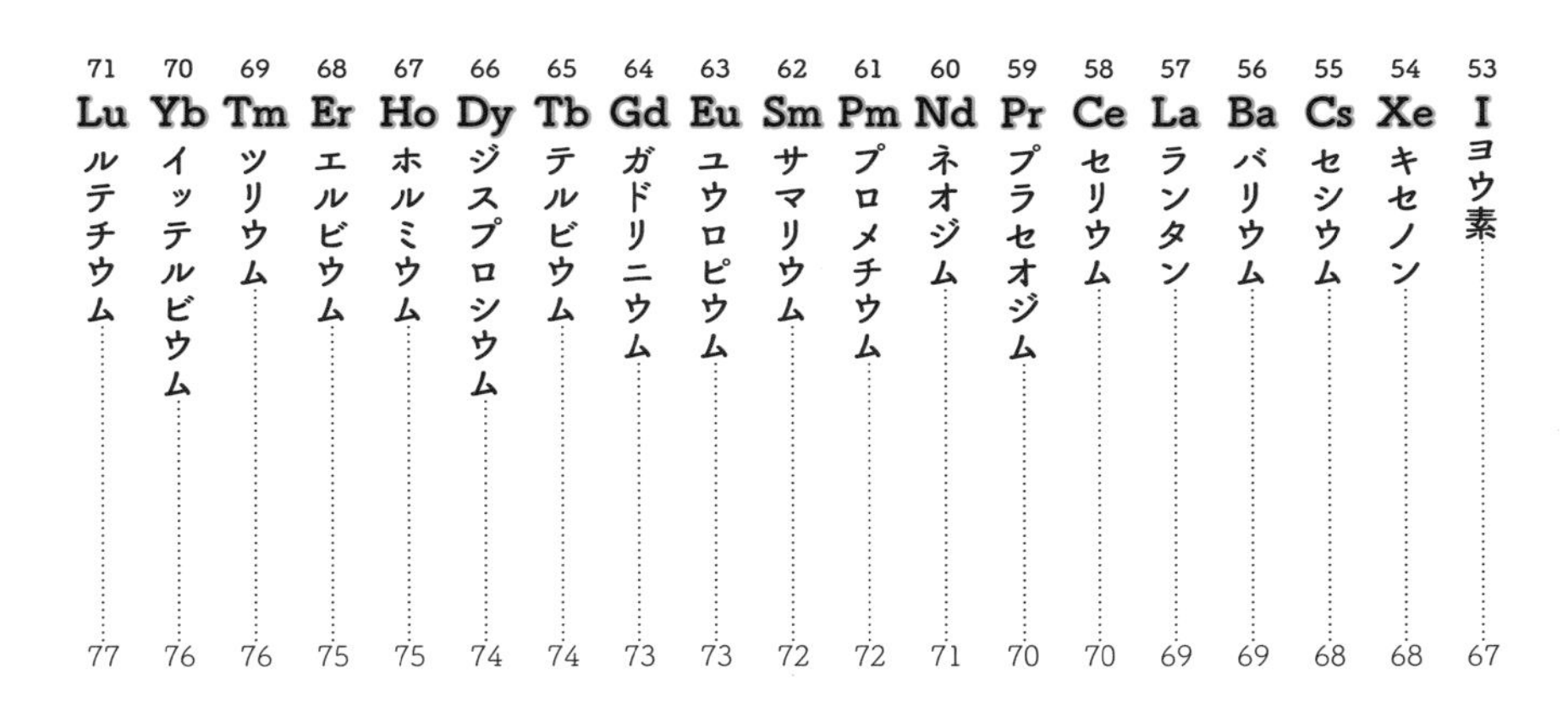
53 I ヨウ素 67
54 Xe キセノン 68
55 Cs セシウム 68
56 Ba バリウム 69
57 La ランタン 69
58 Ce セリウム 70
59 Pr プラセオジム 70
60 Nd ネオジム 71
61 Pm プロメチウム 72
62 Sm サマリウム 72
63 Eu ユウロピウム 73
64 Gd ガドリニウム 73
65 Tb テルビウム 74
66 Dy ジスプロシウム 74
67 Ho ホルミウム 75
68 Er エルビウム 75
69 Tm ツリウム 76
70 Yb イッテルビウム 76
71 Lu ルテチウム 77

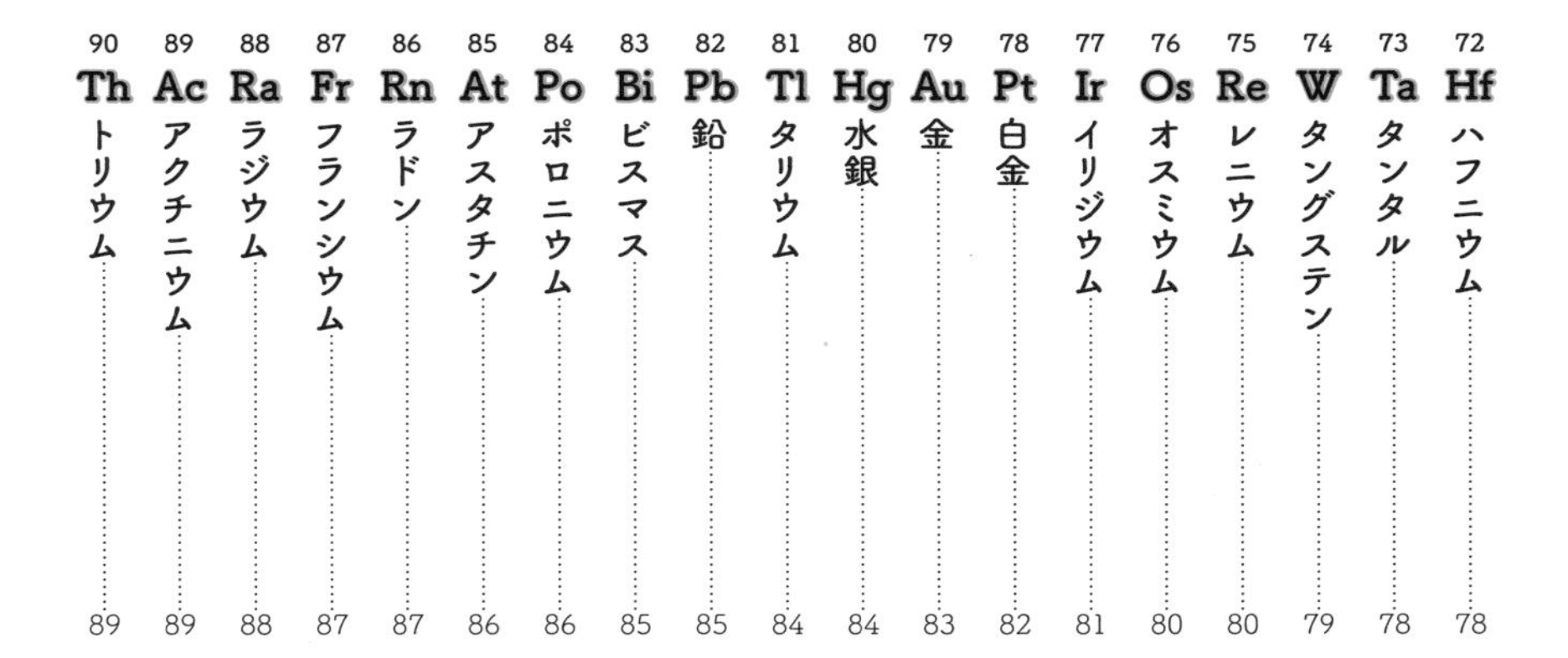
72 Hf ハフニウム 78
73 Ta タンタル 78
74 W タングステン 79
75 Re レニウム 80
76 Os オスミウム 80
77 Ir イリジウム 81
78 Pt 白金 82
79 Au 金 83
80 Hg 水銀 84
81 Tl タリウム 84
82 Pb 鉛 85
83 Bi ビスマス 85
84 Po ポロニウム 86
85 At アスタチン 86
86 Rn ラドン 87
87 Fr フランシウム 87
88 Ra ラジウム 88
89 Ac アクチニウム 89
90 Th トリウム 89

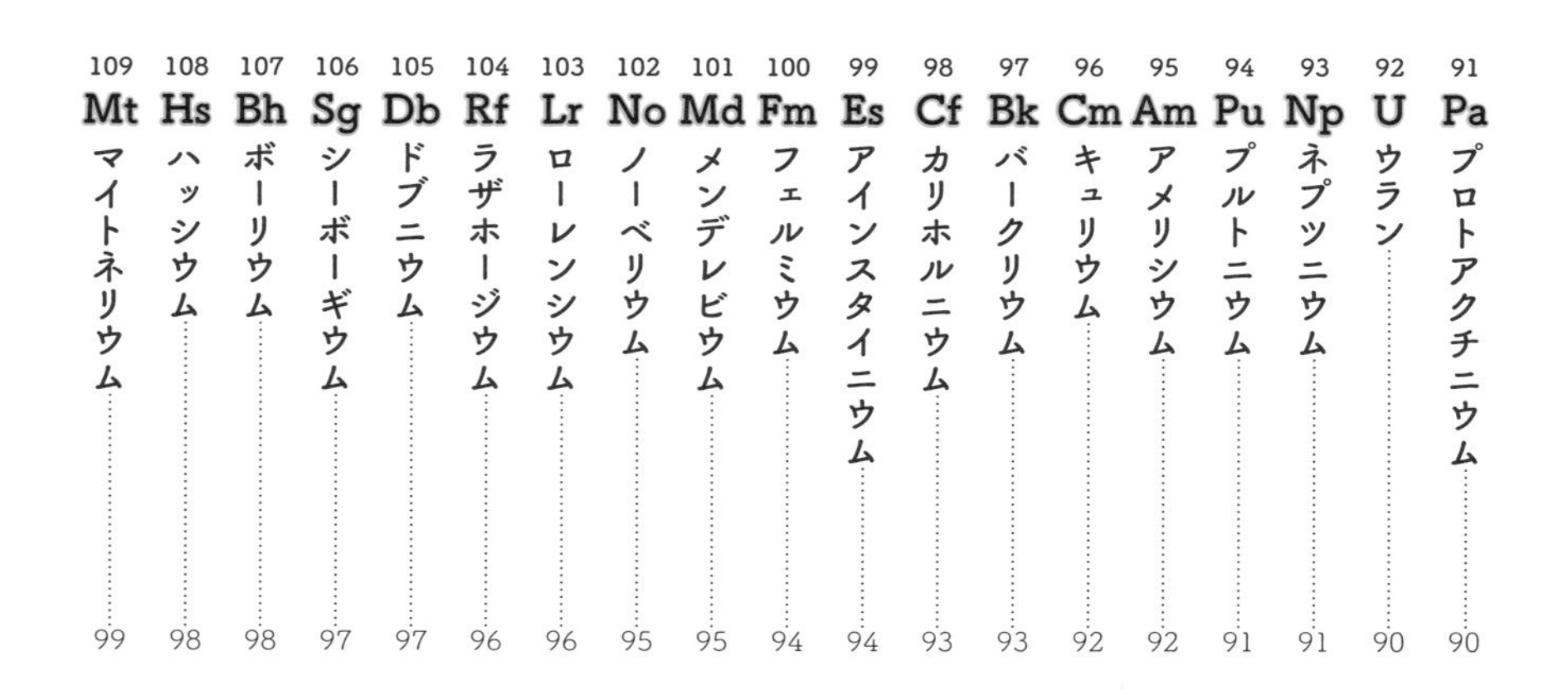

第3章 これだけは押さえておきたい! 元素の基礎

第1章

元素を知ると歴史がわかる。未来が見える

元素を使いこなすことで、私たち人類は発展してきた

元素から見る暮らしの変化

記録ツールの変化

身近にある元素（C、H、O など）を利用するところから始まった人類の暮らしは、化学の発展で、ついにIT 革命を実現した。

「元素」と聞いて、自分とはあまり関係ない話題のように感じる人もいるかもしれません。しかし、私たちが快適に日常生活を営むうえで、元素についての知識は欠くことのできないものです。

たとえば、歴史学の時代区分の1つに「石器時代、青銅器時代、鉄器時代」と刃物の材質変化で人類史を3つの時代に分ける考え方があります。これは見方を変えれば、元素利用の変化そのものです。

最初は、身近に手に入る素材をうまく使おうとしていただけだった人類は、やがて元素の存在に気づき、それをうまく使うようになり、ついには、その構造や仕組みも理解するようになりました。

便利で快適な現代の暮らしは、多様な元素を自由自在

＊H、C、Oなどの元素記号については、巻末の「元素周期表」（126〜127ページ）を参照してください。

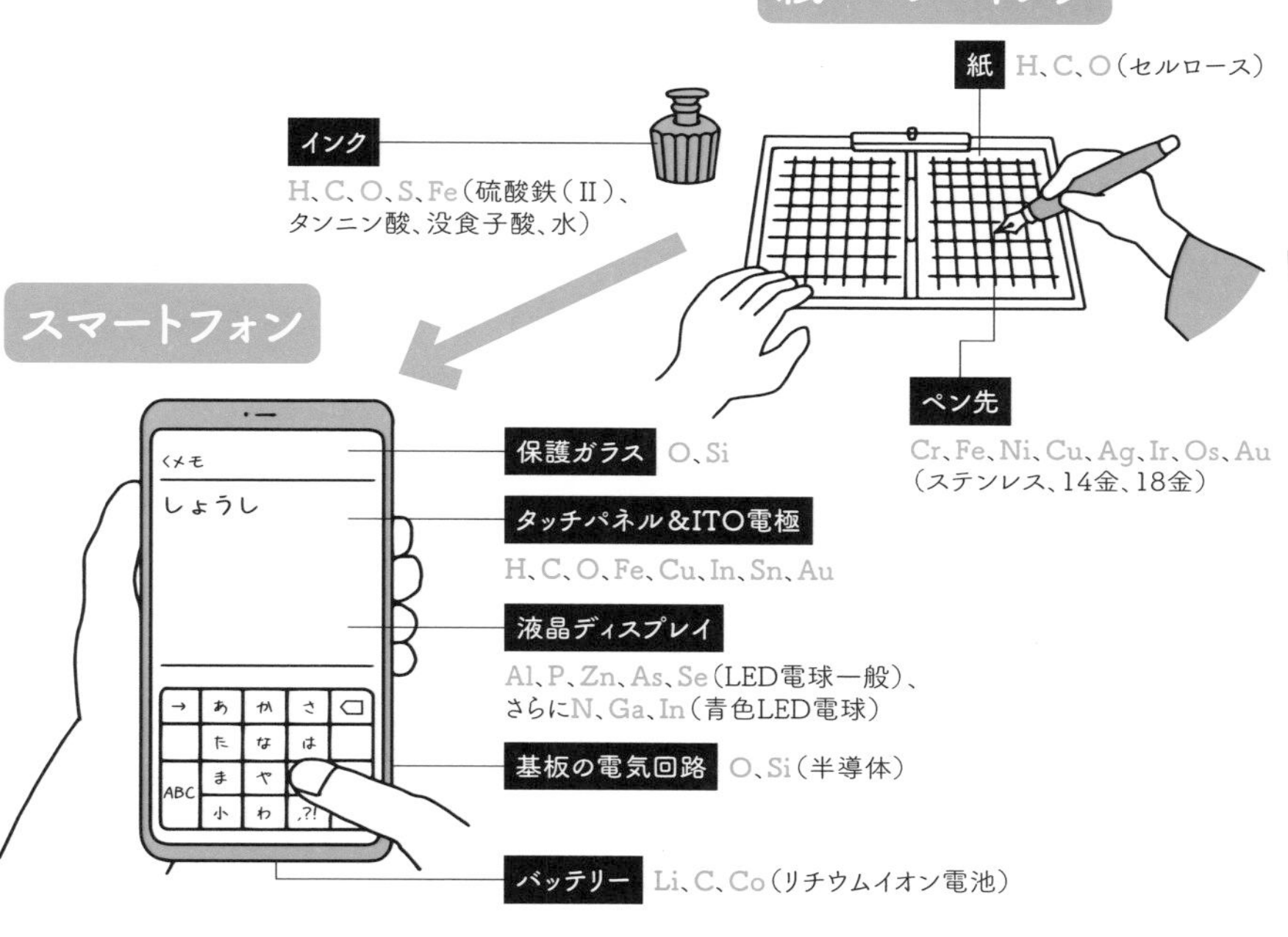

に使えるようになったからこそ実現できたといえるでしょう。

元素の価値を正しく知る

元素の利用は、ただ一直線に拡大してきたわけではありません。使われなくなったり、価値が変化することもありました。たとえば、現在は強い毒性があることがわかっている鉛という元素は、古代エジプトではアイシャドーなどの化粧品に使われましたし、古代ローマでは鉛容器にワインを入れて飲んでいました。日本では、1935年までおしろいなどに使われてきました。アルミニウムも登場直後は金よりも高価で、お客をもてなす高級な食器でした。

元素は有限な資源です。人類が今後も発展していこうとするなら、限りある元素を、より効率よく利用する工夫が必要になるでしょう。

元素を知ることは、私たちのよりよい未来を拓くために欠かせないのです。

通信技術の変化

人と人をつなげるコミュニケーション方法も、のろしの時代から光ファイバーを使った光通信まで、利用される元素はどんどん多様になっている。

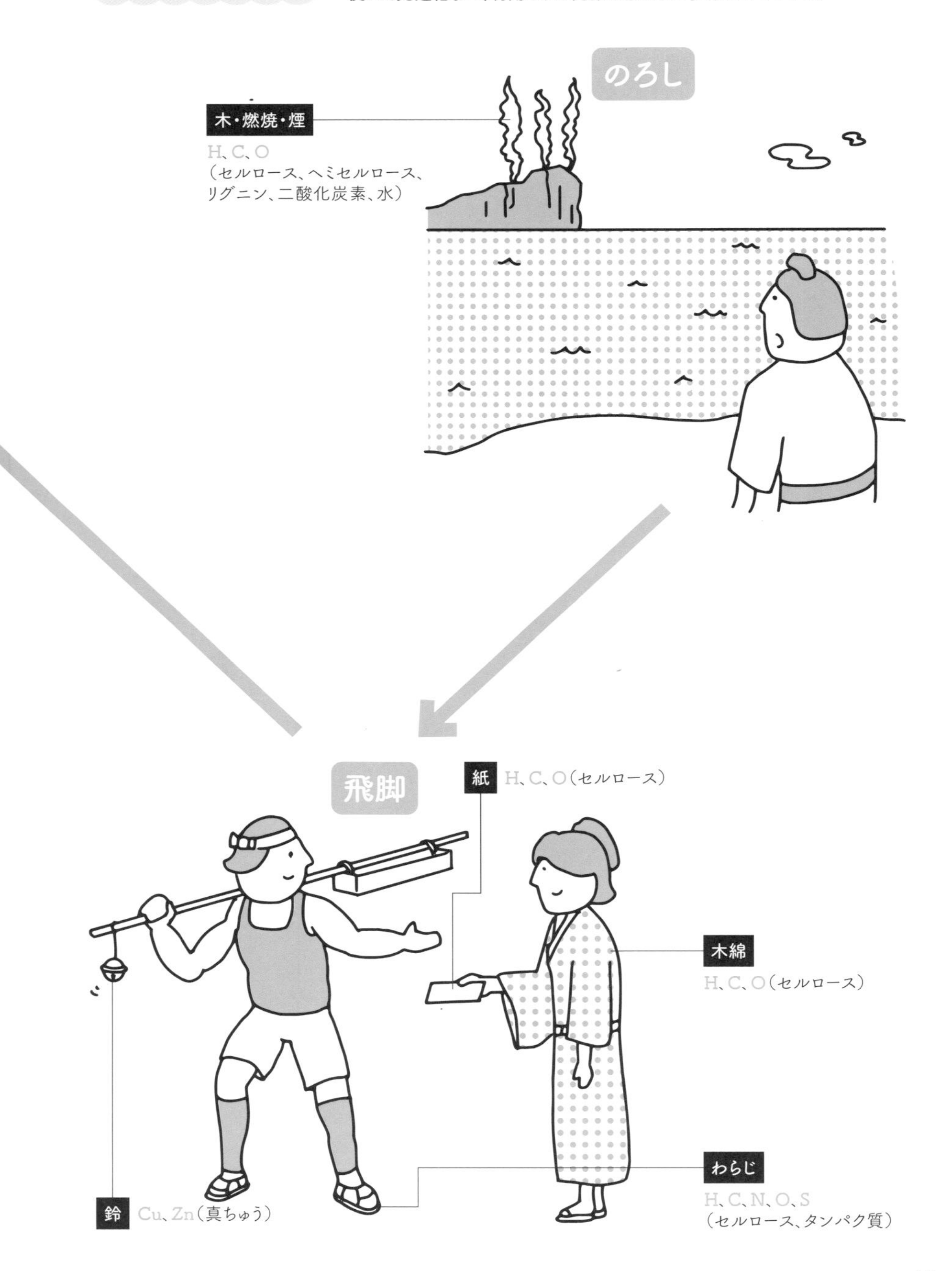

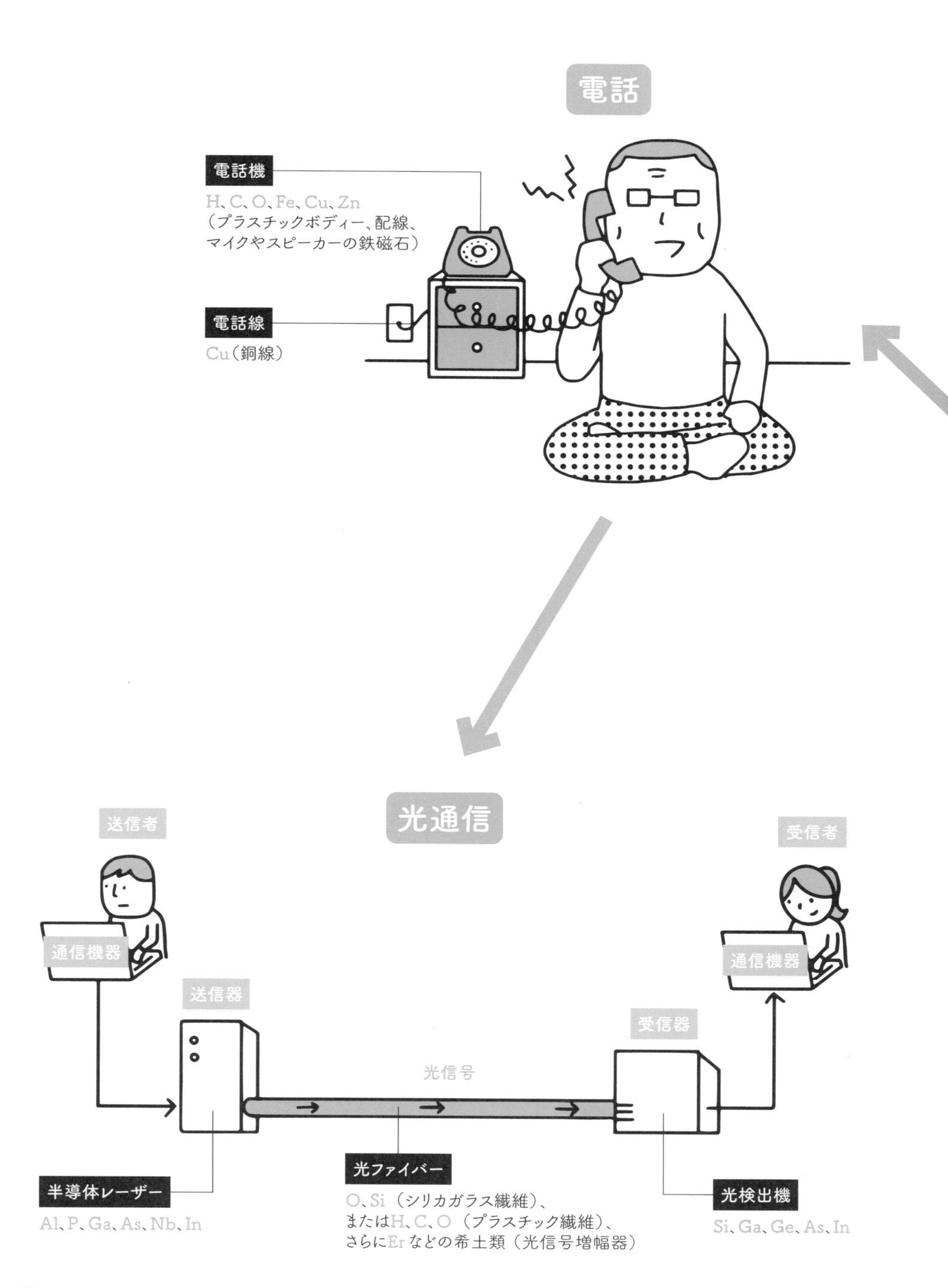
電話
電話機
H、C、O、Fe、Cu、Zn
（プラスチックボディー、配線、
マイクやスピーカーの鉄磁石）
電話線
Cu（銅線）
光通信
送信者
受信者
通信機器
通信機器
送信器
受信器
光信号
半導体レーザー
Al、P、Ga、As、Nb、In
光ファイバー
O、Si（シリカガラス繊維）、
またはH、C、O（プラスチック繊維）、
さらにErなどの希土類（光信号増幅器）
光検出機
Si、Ga、Ge、As、In

調理道具の変化

火山岩から採れる黒曜石は、意外と多くの元素からできている。しかし、現代の刃物はさらに進化し続けている。

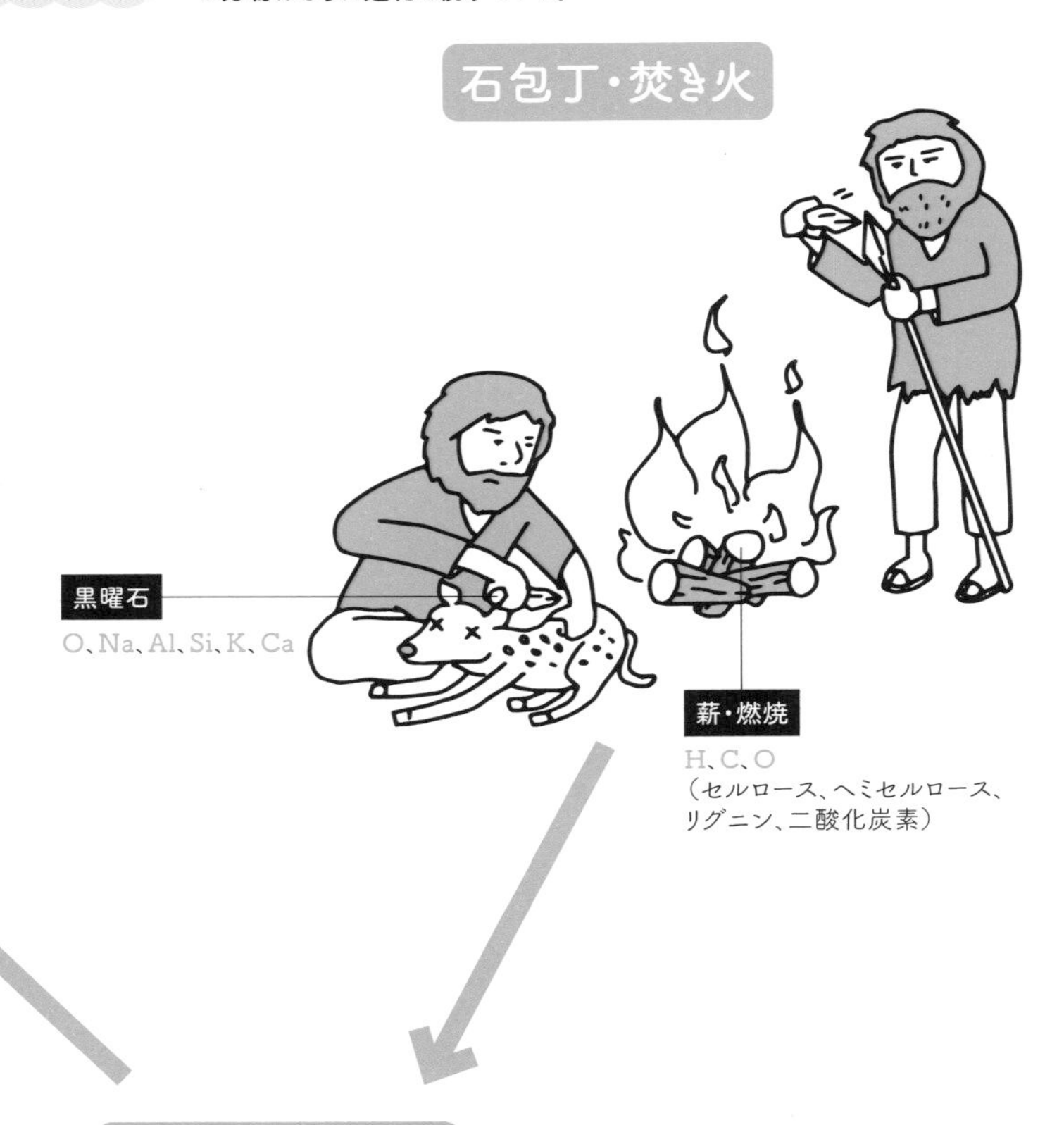

ステンレスの包丁・ガスコンロ

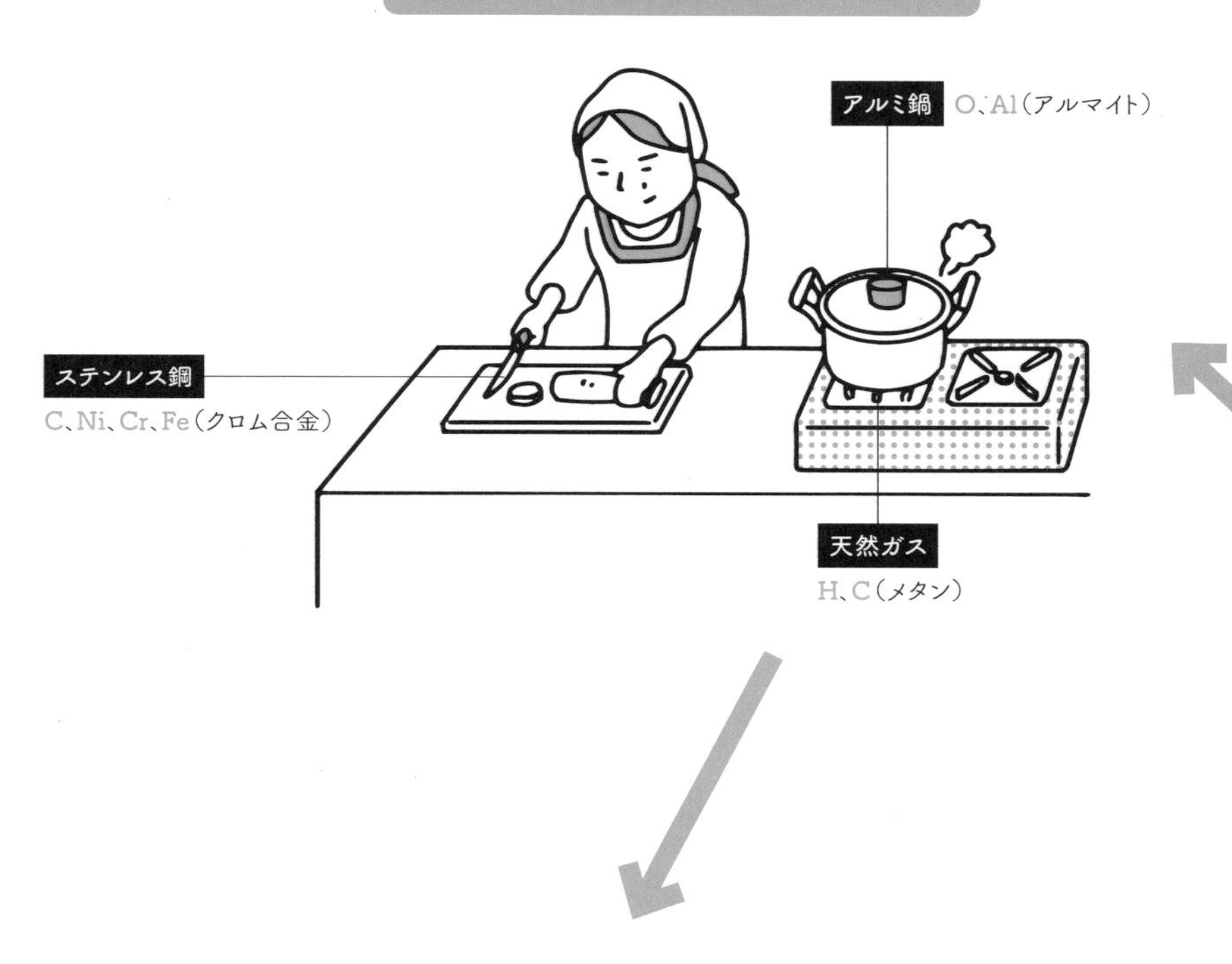

モリブデン鋼の包丁・IHコンロ

「金をつくりたい」という夢をきっかけに化学は発展

私たち人類が元素についての理解を急速に深めた大きなきっかけは、高価で美しい金を自分の手でつくりたい（錬金術）という夢でした。多くの人々が錬金術に熱中したことで、さまざまな実験方法や化学薬品が生まれ、リンをはじめとする元素も発見されたのです。18世紀の偉大な物理学者ニュートンも錬金術をしていました。錬金術自体は、本来の目的は果たせませんでしたが、17世紀のヨーロッパに近代化学を誕生させました。

元素を発見していく時代の幕開け

最初に近代的な元素という概念を提唱したのは、17世紀のアイルランドの化学者ボイルでした。18世紀にはフランスの化学者ラボアジエが、水が酸素と水素からできていることを突き止め、33種類の元素をまとめた本を出版します。彼は化学反応の前後で全体の質量が変わらないことも発表し、近代化学はその幕を開けたのです。

19世紀になるころ、イギリスの化学者ドルトンが当時は未発見だった原子についての考察を深め、原子量（110ページ参照）という概念や独自の元素記号を提案。こうして元素には規則性があることが明らかになり、1869年、ロシアの化学者メンデレーエフが、最初の元素周期表を発表します。うまく当てはまる元素がないところは空欄とし、そこに入れるべき元素の特性を予測しました。当初は、懐疑的な声が多かったといいますが、その後、予測通りの元素が次々と発見されたことから、次第に信じられるようになりました。

化学の発展の流れ

古代

中国：すべてのものは木、火、土、金、水でできている（五行思想）

ギリシャ：タレスはすべては水でできているとした。デモクリトスは物質を細かくすると、それ以上分割できない粒子（アトム）になるとした。アリストテレスはあらゆるものは火、空気、水、土を基本としているとする四元素説を唱えた

中世

アラビア半島で錬金術が盛んになり、ヨーロッパに広まる

錬金術師は、長い年月で、物質に関する多くの実験技術を編み出した。

17世紀

近代化学の祖ロバート・ボイル（アイルランド）が錬金術の研究から元素の存在を発見

18世紀

アントワーヌ・ラボアジエ（フランス）が質量保存の法則（ラボアジエの法則）を発見。33種類の元素をまとめる

ラボアジエは、化学反応の前後で全体の質量は変化しないことを突き止めた。

19世紀

ジョン・ドルトン（イギリス）は、化学的な視点から原子論を唱え、元素記号も考案。ドミトリ・メンデレーエフ（ロシア）が最初の周期表を発表。その予測通り、新元素がその後いくつも発見される

メンデレーエフは、未知の元素を周期律から予言。

20世紀

アーネスト・ラザフォード（ニュージーランド）、ニールス・ボーア（デンマーク）らによって原子の構造が明らかになる

ラザフォードは、有核原子模型を確立した。

元素周期表が118番元素まで埋まる

便利なエネルギー「電気」を持ち運べるのも元素の働き

現代の生活に欠かせないものの1つに電池があります。とくに、繰り返し充放電できる二次電池（バッテリー）の進化がなければ、これほど多くのモバイル端末が世に広まることはなかったでしょう。

化学の粋が集まった電池の技術

電池（化学電池）は、金属元素の化学反応によって電気エネルギーを生み出すツールです。マイナス極に電子を放出しやすい（イオン化傾向が高い）元素を使い、プラス極は反対に電子を受け取りやすい元素を使うことで、電気を生み出します。このとき両極に使われる元素のイオン化傾向の差が大きいほど、電圧は高くなり、大きなエネルギーを生むことができるのです。

118種類ある元素のなかで、最もイオン化傾向が大きく、電子を放出しやすいのは、リチウムという元素です。ほかの元素と反応しやすいデメリットはあるものの、非常に軽く、原子が小さいのでモバイル機器に適しています。コバルト酸リチウムという素材を使うことで、反応しやすいというデメリットを克服し、1991年に商品化されたのがリチウムイオン電池です。この画期的な二次電池を生み出した日本の吉野彰博士らは2019年にノーベル化学賞を受賞しました。

現在、リチウムイオン電池の活躍の場はどんどん広がっています。しかしリチウムの採れる場所は限られているため、より調達しやすいナトリウムのイオンを使った電池の開発も進められています。

リチウムイオン電池の仕組み

充電するとき

充電器から電流が流れると、プラス極側にあるリチウムイオン（Li^+）がマイナス極側に移動

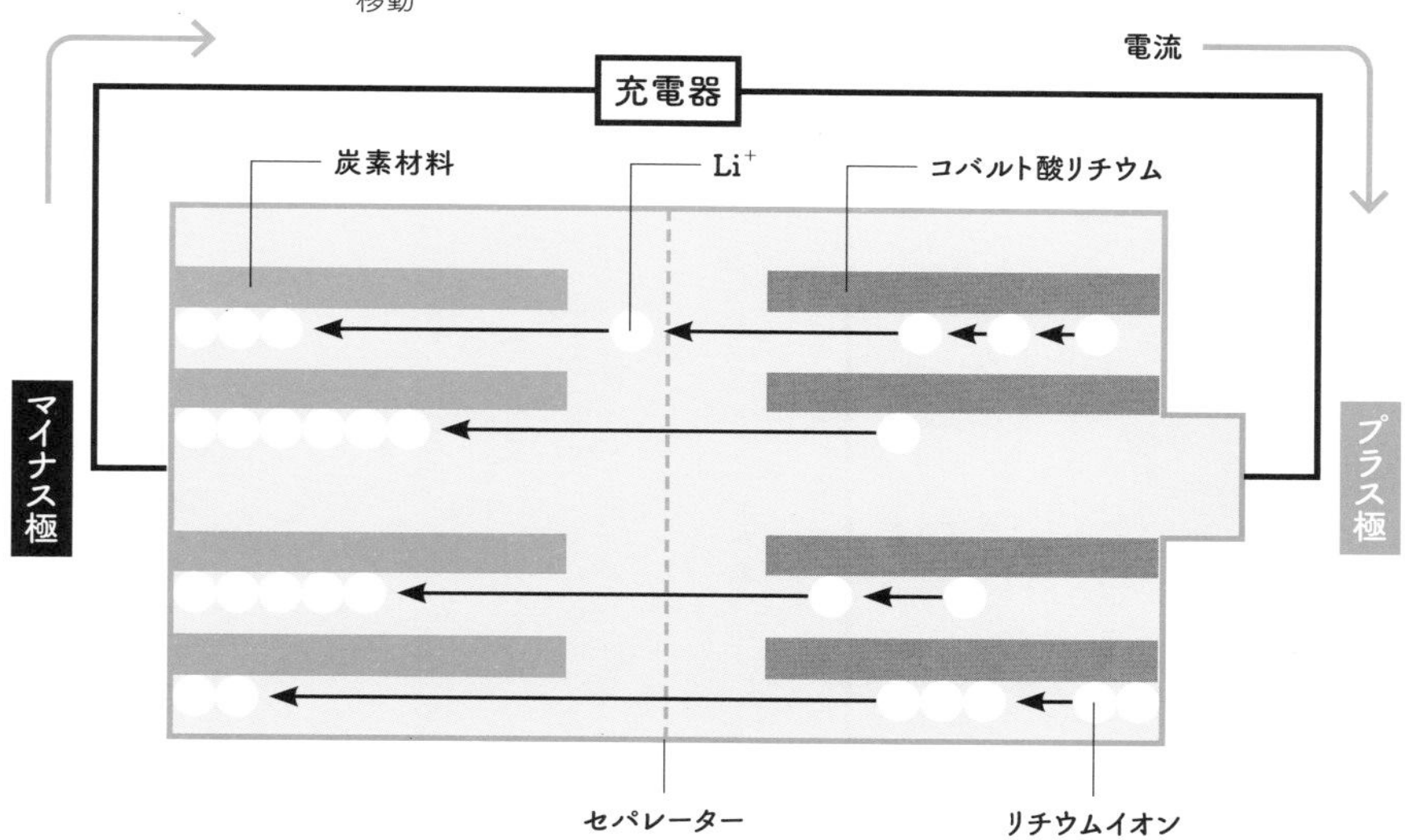

放電するとき

電子機器に電池をつなぐと、マイナス極に蓄えられていたリチウムイオン（Li^+）がプラス極に向かって移動

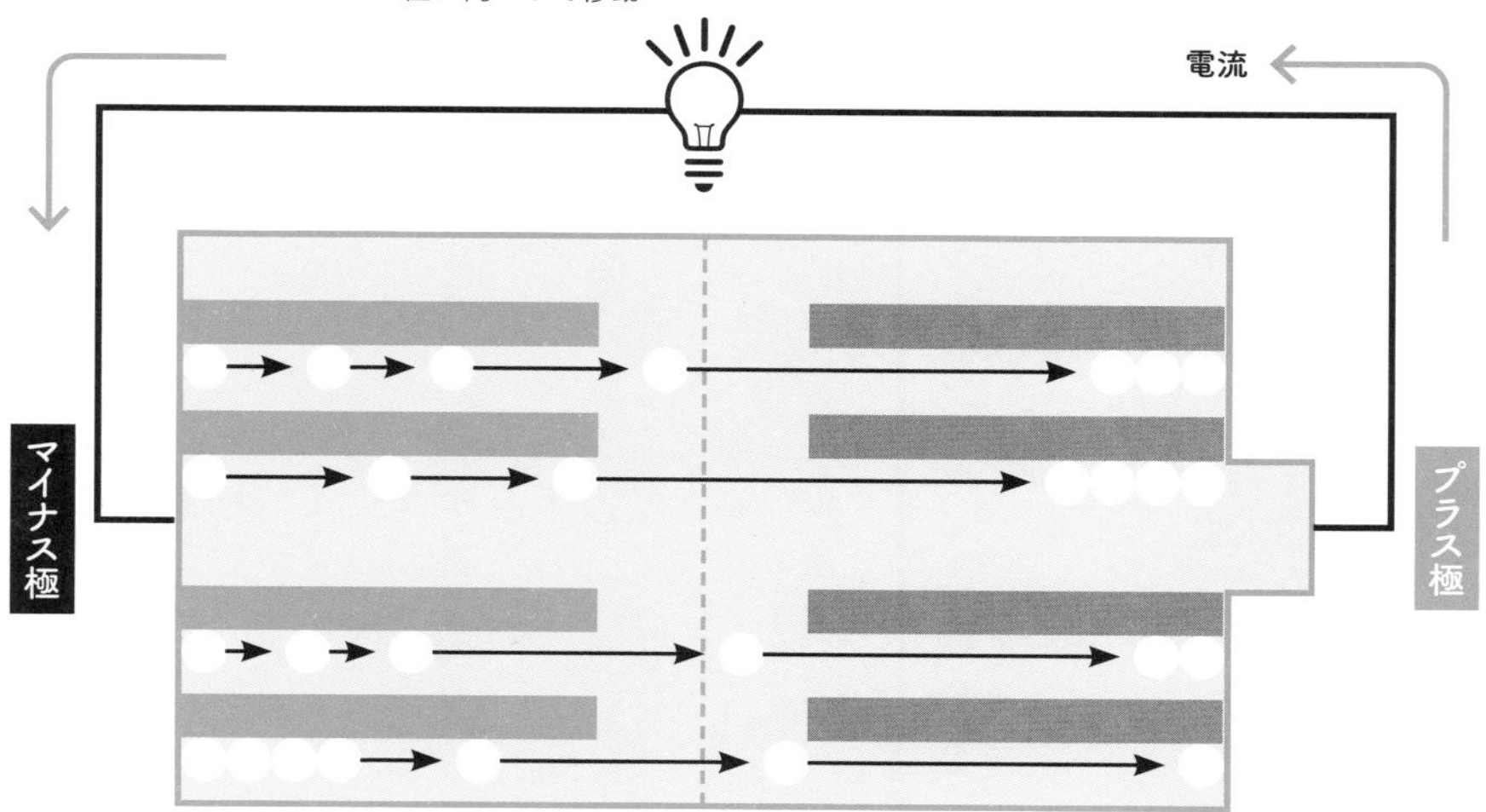

プラスの電気を持ったリチウムイオンが、コバルト酸リチウムと炭素材料の間を行ったり来たりすることで、充放電を繰り返す

SDGs達成のカギをにぎる元素戦略プロジェクト

国際社会が協力して2030年までに達成すべき17の目標SDGs（Sustainable Development Goals＝持続可能な開発目標）は、ご存知の方も多いでしょう。実は日本では、この大きな長期目標を現実のものとするための優先課題として、元素に注目しています。そして世界に先駆け、元素戦略プロジェクトを進めています。

解決しなければならない問題の1つはレアメタル（希少な金属元素）です。元素のなかには、地球に存在する量が少なかったり、技術的または経済的に取り出したり・精製することが難しいものがあります。そのなかで、どうしても安定的に確保することが必要な金属を、日本では経済産業省がレアメタルとして定義しています。現在、希土類元素（レアアース、113ページ参照）17種類を含む55種類の元素が指定されており、とくにバナジウム、クロム、マンガン、コバルト、ニッケル、モリブデン、タングステンの7つのレアメタルは国家備蓄7鉱種とされます。

元素の入手が未来を左右する

日本は世界有数のレアメタル消費国にも関わらず、その大半を輸入に頼っているのが現状です。

将来、私たちの抱える問題を一挙に解決できる素晴らしい技術が発明できたとしても、それに必要な元素が国際情勢の変化で手に入らなくなれば、万事休すとなってしまいます。日本がSDGsを達成し、持続可能な未来を拓くため、元素は重要なテーマになっているのです。

日本発！「元素戦略」の5つの柱

5つの原則に基づき、すべての元素が効果的、かつ効率的に活用できる持続可能な社会を実現することを目指す。

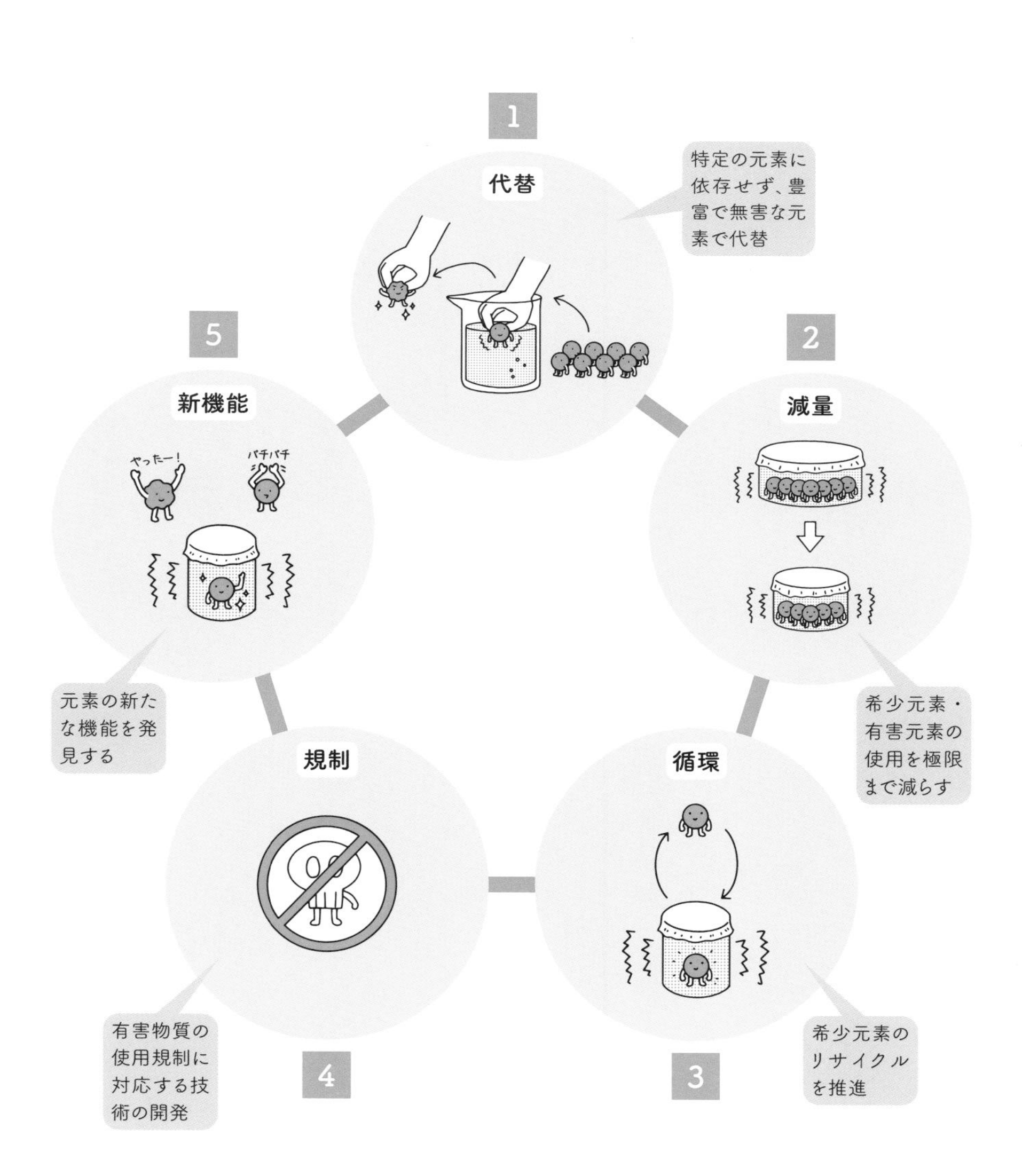

「触媒」のテクノロジーがエネルギー問題の解決に有効

元素の応用について、近年脚光を浴びている触媒という使い方にも注目しておきましょう。

触媒とは、化学反応において反応速度を速める（促進する）働きをしながら、反応の前後で自分自身は変化しない物質です。

中学校の理科で過酸化水素水に二酸化マンガンを入れる実験をした方は多いでしょう。この実験では、水と酸素が発生しますが、これは過酸化水素が分解されたもので、二酸化マンガン自身は変化しませんでした。この二酸化マンガンが触媒の一例です。

生産効率の向上を担う元素

触媒は、工業製品をつくる際に必要な化学反応のスピードを上げるのはもちろん、自身が分解されない特性を活かした廃棄物の出ない技術にも応用できます。また、近年、次世代のエネルギーとして期待を集めている水素の利用にも、触媒が有効だということがわかってきました。

その1つが、左ページに記した窒化ランタンにニッケルのナノ粒子を固定した触媒です。

これをアンモニア生成に使うと、ルテニウムなどの高価な金属を使わず、しかも温和な条件で農作物の生育に必要な窒素と、燃料電池に必要な水素を得られる可能性があります。

触媒は、いまや化学工業の要であり、ＳＤＧｓ達成のためのキーテクノロジーなのです。

効率のよい反応をつくり出す触媒の力

●触媒の概念図

化学反応では、反応物が活性化したのち生成物に変わる。これは山の向こう側に行くために、峠を越すのと似ている。触媒は、小さな活性化エネルギーでも反応を進行させるが、反応物と生成物のエネルギーの差（反応熱）を変えない。

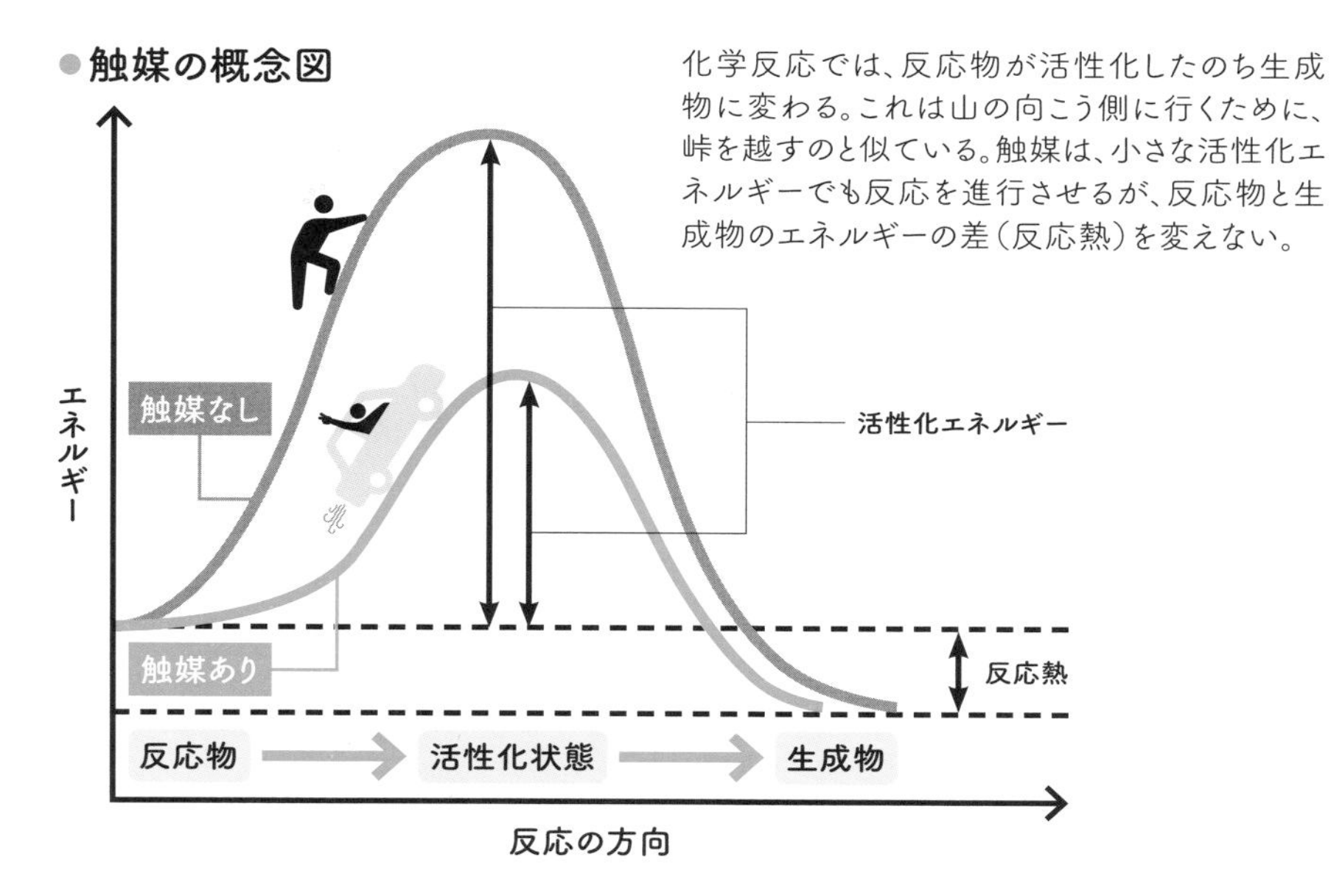

●触媒の実例

東京工業大学元素戦略研究センターの細野秀雄博士らのチームが、2020年に発表した新しいアンモニア合成技術。

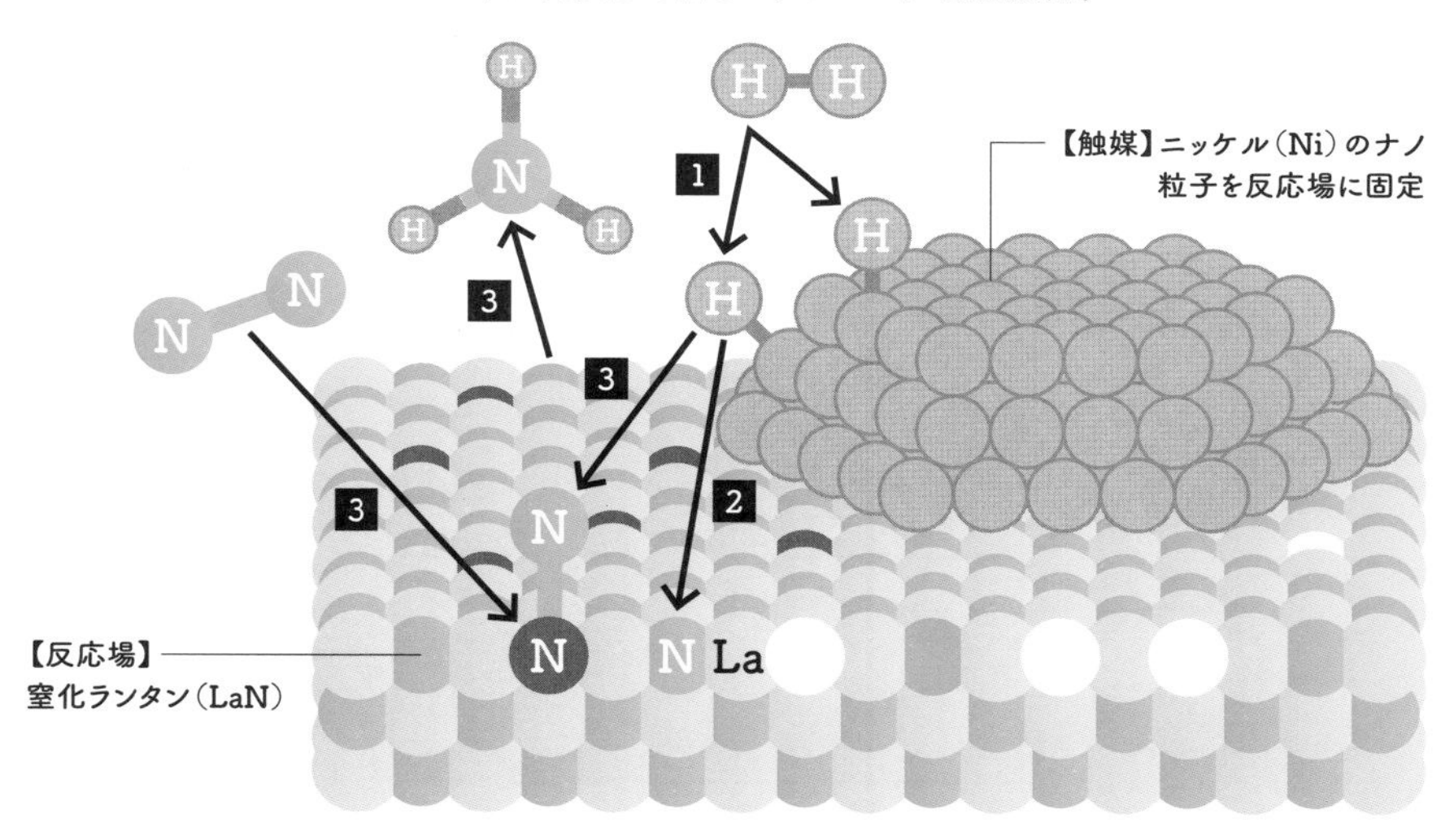

1 触媒により、水素（H）が活性化

2 反応場の窒素原子（N）と活性化した水素が反応し、窒素が外に抜けて空隙ができる

3 窒素分子（N_2）が空隙に入って活性化。それに水素原子が反応し、アンモニア（NH_3）ができる

column

超伝導を起こす元素を未来の社会に活用する

金属元素や化合物のなかには、ある温度（転移温度）よりも低温になると、突然、電気抵抗（電気の通りにくさ）がゼロになるものがあります。この現象を超伝導といい、これを起こすものを超電導体といいます。電力ロスの少ない送電ケーブルや、強い磁場を発生させる電磁石などがＭＲＩなどの医療機器などに使われてきました。

２０２７年開業予定のリニア中央新幹線も、超電導磁石の成果です。

冷却コストを下げるため、より転移温度の高い超伝導素材が研究され、イットリウムを利用した送電ケーブルは、すでに実用化目前です。

● 普通の送電ケーブル（電線）

● 超電導送電ケーブル（電線）

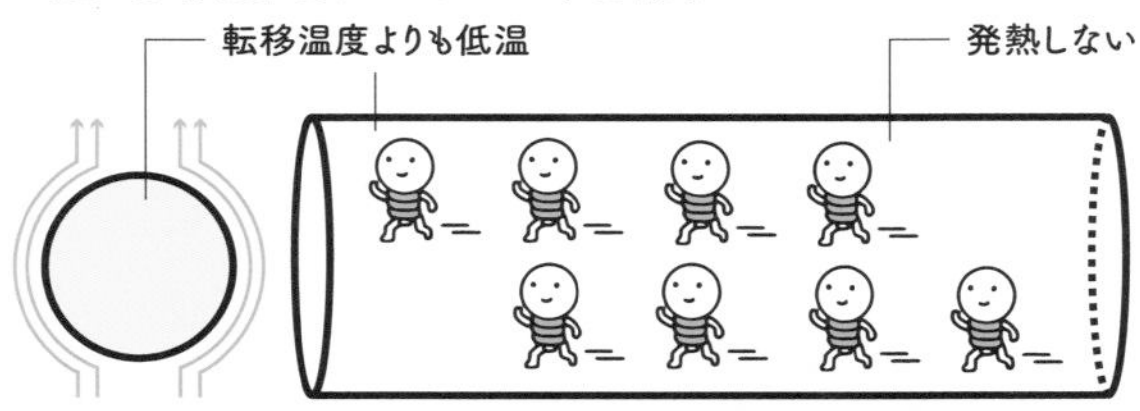

第2章

図解でわかる全118元素

元素は、現在までに、
118番目まで発見されており、
いずれも個性があり、
さまざまな形で
私たちの生活に関わっています。
本章では、そうした元素の性質と
用途例について詳しく見てきます。

各元素に掲載したデータの内容

原子番号
元素の種類を表す番号。原子核のなかの陽子の数と同数。

元素記号
元素の種類を示す記号。元素名のラテン語、英語、ドイツ語などの頭文字を大文字で、あるいは頭文字に小文字1字を添えて表す。

原子量
元素の原子の質量を表す値で、本書では4桁に縮めて示す。炭素12（12C）の質量数12を基準とし、これに対する相対値で示す。
「（ ）」で囲んで記したものは、その元素の代表的な放射性同位体の質量数。

周期
元素が、周期表で7つある横の列（周期）のどれにあたるか示す。

族
元素が、周期表で18ある縦の列（族）のどれにあたるか示す。
また、可能なものは、「アルカリ金属」「ハロゲン」「貴ガス」などのように、元素の性質の分類も示す。分類は国際的な基準による。

常温・常圧での状態
元素が単体で、常温・常圧のとき、固体、液体、気体のいずれであるか示す。

融点
元素が、1気圧のもと、固体から液体に変わる（融解が起こる）温度を示す。

沸点
元素が、1気圧のもと、液体から気体に変わる（沸騰が起こる）温度を示す。

発見年
元素が発見された年を示す。諸説あるものもあるが、一般的な説を記載。

主な存在場所
元素が含まれている物質の例を紹介。「人工元素（加速器）」と表記したものは、人工的に加速器でつくられる元素。

1

H 水素

宇宙初の元素にして未来のエネルギー源有力候補

宇宙誕生後、最初にできた元素が水素です。全元素で最も軽く、宇宙の元素の約4分の3を占めています。身近では、酸素との化合物である水（H_2O）、生物のDNAの二重らせん構造も水素による結合です。

肥料や火薬、冷蔵庫の冷媒などに欠かせないアンモニア（NH_3）を合成する原料として多く使われてきましたが、いまは、水素燃料電池がエコでクリーンな未来のエネルギーとして、注目されています。

水素燃料電池自動車の仕組み

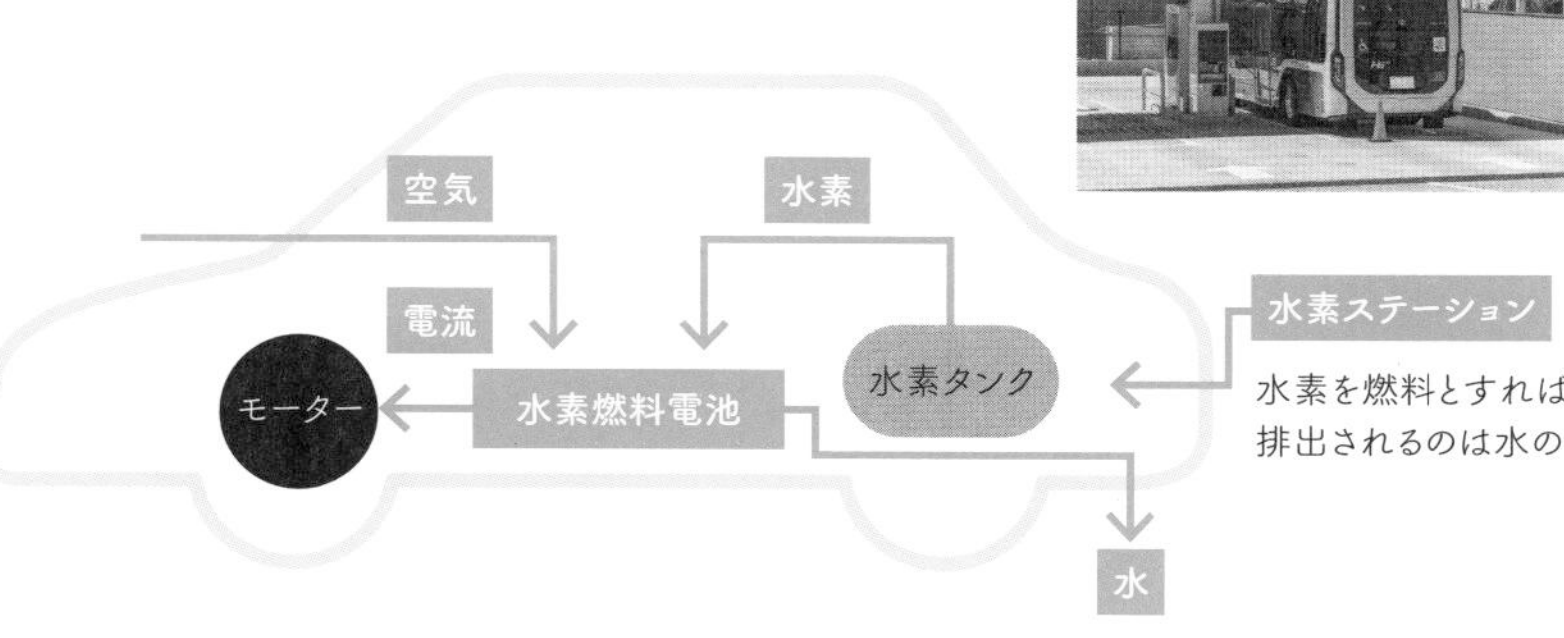

DATA

原子番号 1　元素記号 H　原子量 1.008　周期 第1周期　族 第1族　常温・常圧での状態 気体　融点 −259.16℃
沸点 −252.89℃　発見年 1766年　主な存在場所 水、海水、生物の体内（アミノ酸など）

2

He ヘリウム

風船や飛行船を浮かす軽～いガス

ヘリウムは水素の次に軽い元素で、常温では気体です。ほかの物質と反応しにくく、扱いやすいので飛行船を浮かすのに使われます。また、全元素のなかで沸点と融点が最も低いことから、液体ヘリウムは冷却材として、超電導磁石などさまざまな分野で活用されています。ヘリウムを吸うと声が高くなるのは、空気よりも密度が低いから。ただし生のヘリウムを吸うのは危険。変声用パーティーグッズは、酸素を約20％含んでいます。

ヘリウムを吸うと声が高くなる仕組み

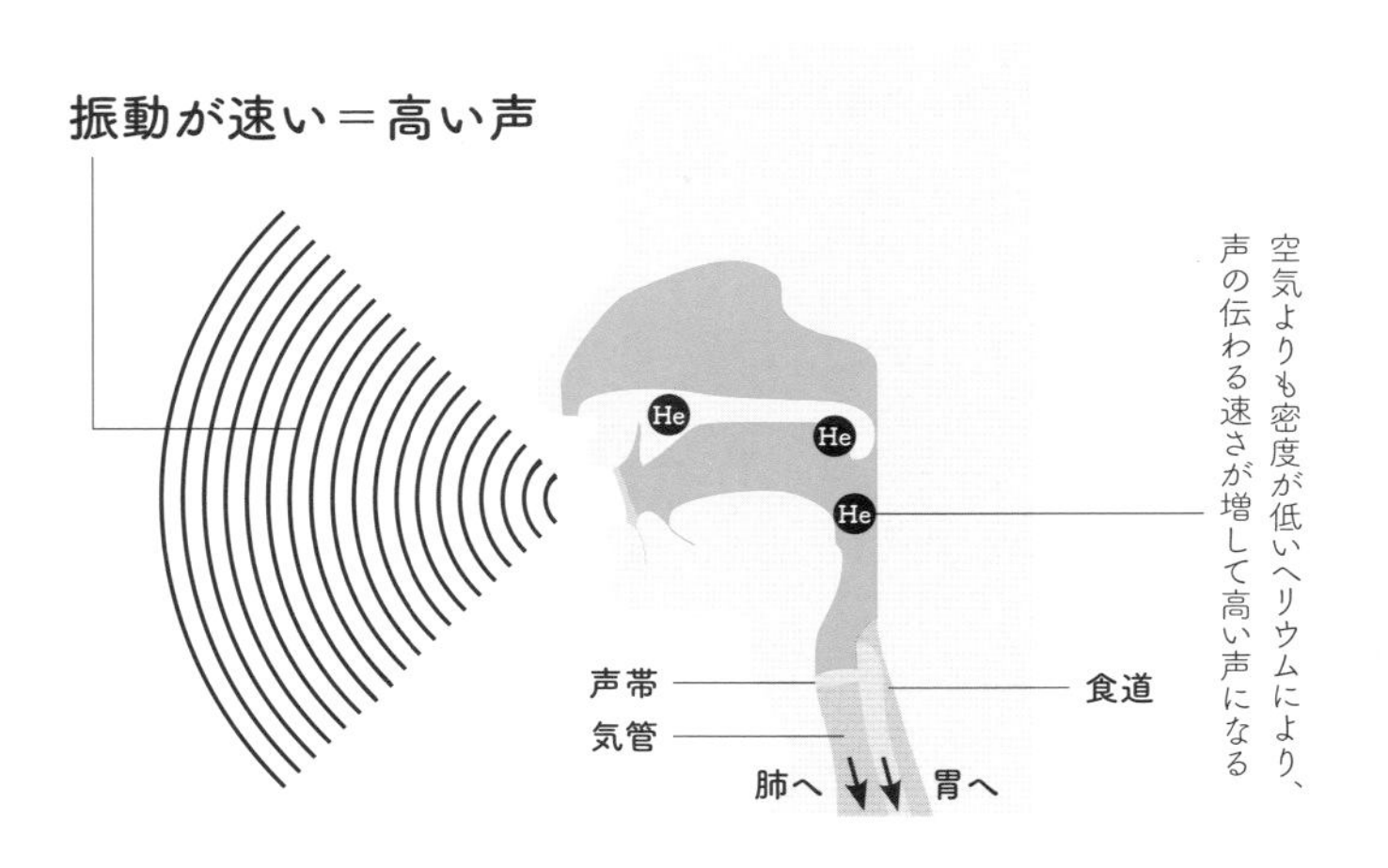

DATA

原子番号 2　元素記号 He　原子量 4.003　周期 第1周期　族 第18族・貴ガス　常温・常圧での状態 気体
融点 −272.2℃　沸点 −268.928℃　発見年 1868年　主な存在場所 天然ガス

3

Li リチウム

水に浮かぶレアメタルはモバイル時代の強～い味方

リチウムは水素、ヘリウムとともに宇宙誕生の最初期にできた元素で、金属元素のなかでは最も軽い（密度が低い）のが特徴です。近年ではくりかえし充電のできる二次電池、リチウムイオン電池の材料として多くのモバイル機器、一部の電気自動車の小型化、軽量化に欠かせない元素になっています。その一方で産地はチリなどに偏っており、日本ではリサイクルの徹底や海水などからの回収技術の研究が急ピッチで進められています。

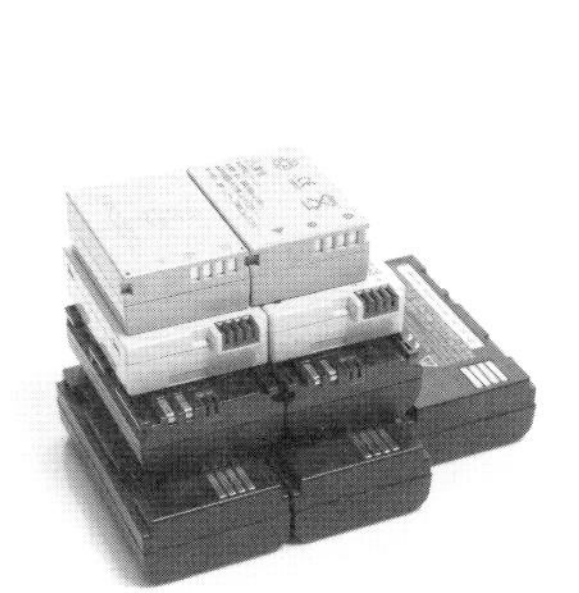

いろいろなリチウムイオン電池。パソコン、デジカメなどさまざまな機器に欠かせない物となっている

充電中の電気自動車。電池はリチウムイオン電池が使われる

DATA

原子番号 3　元素記号 Li　原子量 6.941　周期 第2周期　族 第1族・アルカリ金属　常温・常圧での状態 固体
融点 180.5℃　沸点 1330℃　発見年 1817年　主な存在場所 リシア輝石、紅雲母（リシア雲母）

4 Be ベリリウム

軽くて丈夫で超有能！ ただし、毒には要注意!!

ベリリウム銅（銅にベリリウムを添加した合金）は強く、電気を通しやすいので、電子機器の導電バネとして使われています。薄板にできる金属としては珍しくX線を透過するのでX線管の窓板や加速器の素粒子検出器にも。ただし毒性があるので取り扱いには要注意。

ベリリウムが使われている素粒子検出器（写真提供：高エネルギー加速器研究機構素粒子原子核研究所）

DATA

原子番号 4 元素記号 Be 原子量 9.012 周期 第２周期 族 第２族・アルカリ土類金属 常温・常圧での状態 固体
融点 1287℃ 沸点 2469℃ 発見年 1798年 主な存在場所 緑柱石、ベルトラン石、金緑石

5 B ホウ素

変幻自在で超身近。なんとスライムもつくれる！

ホウ素は黒灰色の固体ですが、ガラスに混ぜると透明度が上がり、耐熱性も高くなる（ホウケイ酸ガラス）ので、耐熱ガラスに用いられます。中性子を吸収するので、原子炉の制御棒や冷却水に化合物が使われています。身近ではホウ酸団子や目薬、スライムの原料にも。

DATA

原子番号 5 元素記号 B 原子量 10.81 周期 第２周期 族 第13族・ホウ素族 常温・常圧での状態 固体 融点 2076℃
沸点 3927℃ 発見年 1808年 主な存在場所 ホウ砂、ウレキサイト（テレビ石）、コールマン石

6

C 炭素

炭の塊とダイヤモンドは元素的にはほとんど同じ

炭素は木を蒸し焼きにした炭など、さまざまな形で人類が太古から利用してきた元素です。そして三大栄養素のタンパク質、炭水化物、脂質にも炭素は含まれています。人体の約20％は炭素です。現在期待されているのは、黒鉛やダイヤモンドと同じ炭素の同素体であるフラーレンとその応用で生まれたカーボンナノチューブです。カーボンナノチューブは驚くほどの強度を持つ新素材として、建築での利用も始まっています。

シャープペンシルの芯とダイヤモンドの結晶構造

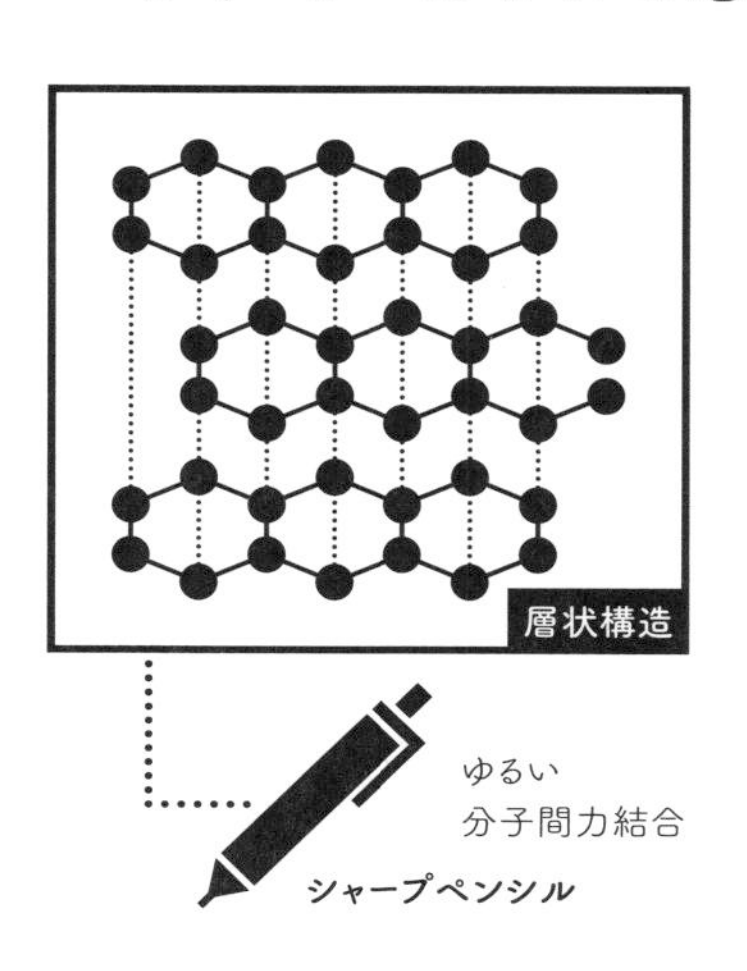

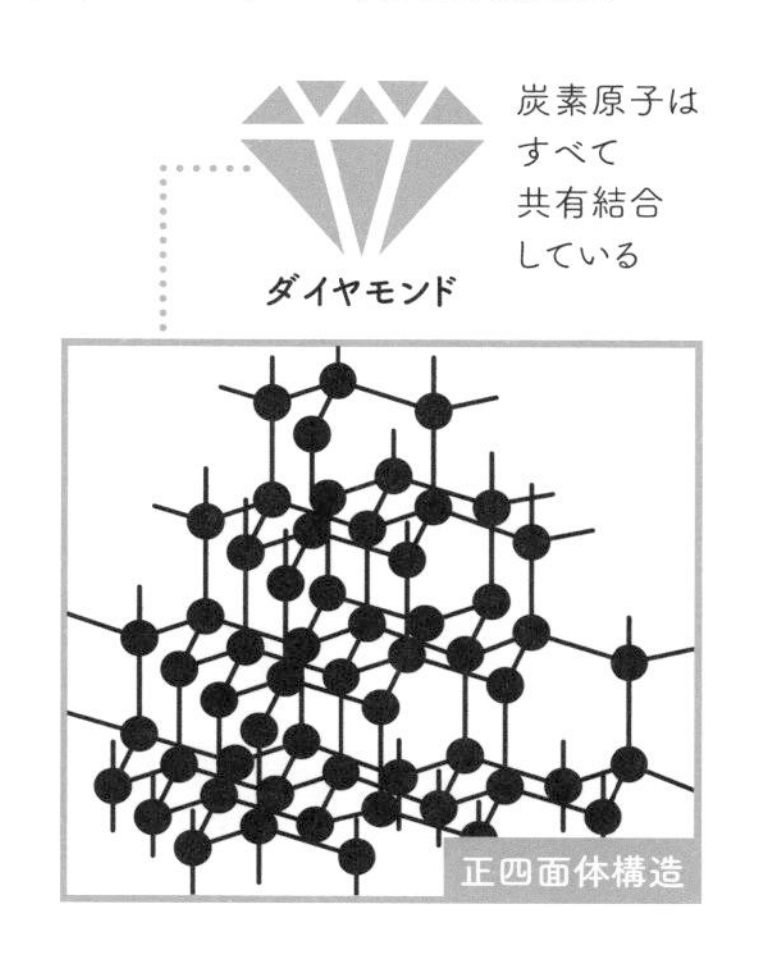

DATA

原子番号 6　元素記号 C　原子量 12.01　周期 第2周期　族 第14族・炭素族　常温・常圧での状態 固体　融点 ――
沸点 3825℃　発見年 不明（古代）　主な存在場所 黒鉛、石炭、石油、ダイヤモンド、大気（二酸化炭素）、生物

7 N 窒素

大気の8割はこの元素なのに大気汚染物質にもなる

窒素は大気中に約78％含まれており、人体においても酸素、炭素、水素に次いで多い（約3％）元素です。植物の必須栄養素の1つでもあります。ほかの元素との反応性が低く、食品の保存性を高めるためにペットボトルに注入されています。また液体窒素は、低温実験や食品、医薬品の冷凍保存には欠かせません。その一方で、燃料を燃やすときに空気中の窒素と酸素が反応して生じる窒素酸化物は大気汚染物質になります。

大気中に含まれる元素など

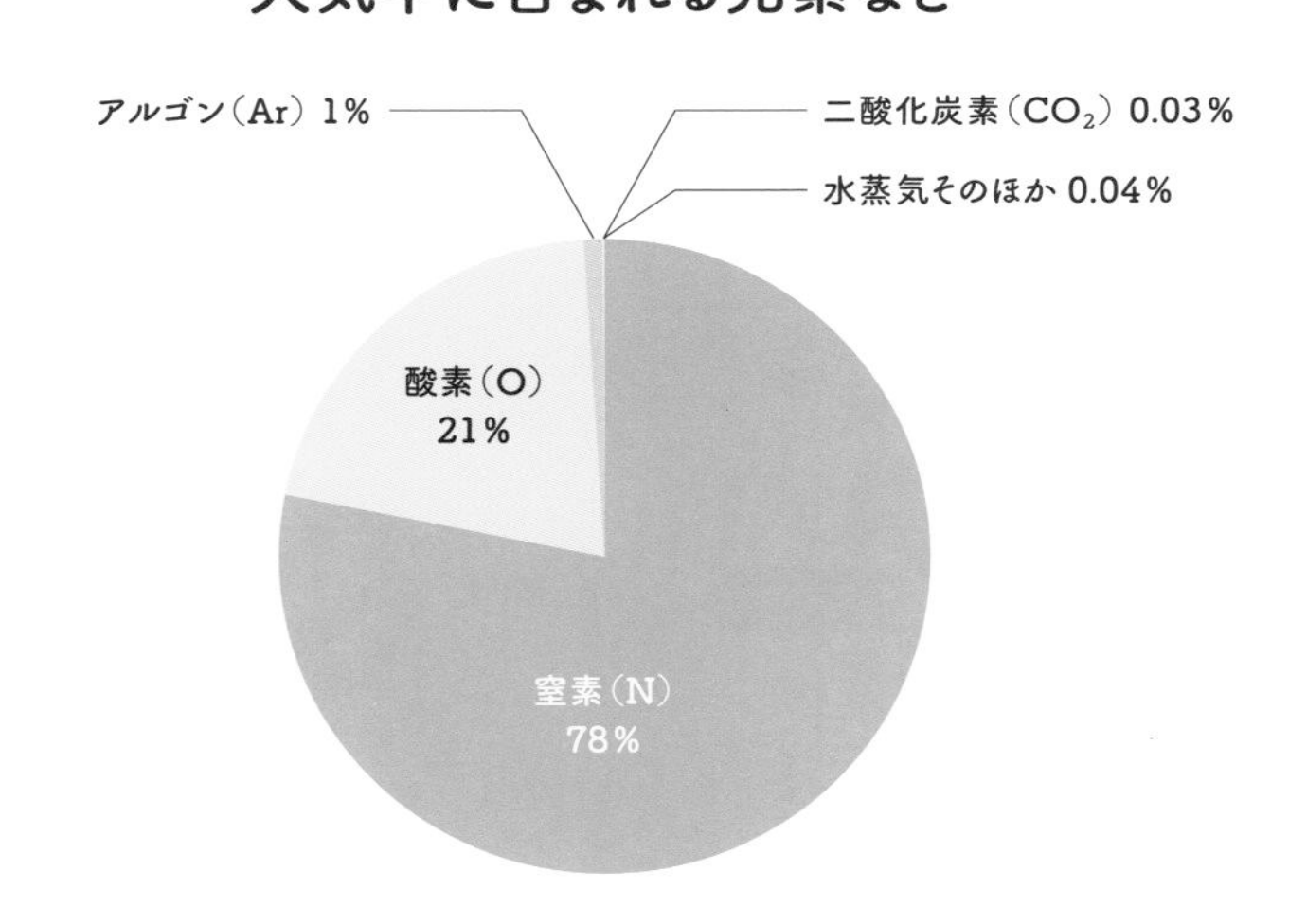

DATA

原子番号 7　元素記号 N　原子量 14.01　周期 第2周期　族 第15族・窒素族　常温・常圧での状態 気体　融点 －210℃
沸点 －195.795℃　発見年 1772年　主な存在場所 大気、硝石、生物の体内（タンパク質、アミノ酸、尿素など）

8

O 酸素

太陽の紫外線から生物をず〜っと守り続けてきた元素

酸素は地球上で最も多い元素で、大気の約21％（体積比）を占めています。現在地球上にある酸素ガスはすべて植物などの光合成によってつくられました。第16族の元素は安定状態よりも電子が2個少なく、それを補おうと、ほかの元素と反応しやすいのが特徴です。酸素が結びつくことを酸化といい、金属のサビや食品の劣化、燃焼などを引き起こします。太陽の紫外線から地上の生命を守るオゾン層も、この元素の同素体（O_3）です。

紫外線をブロックするオゾン層

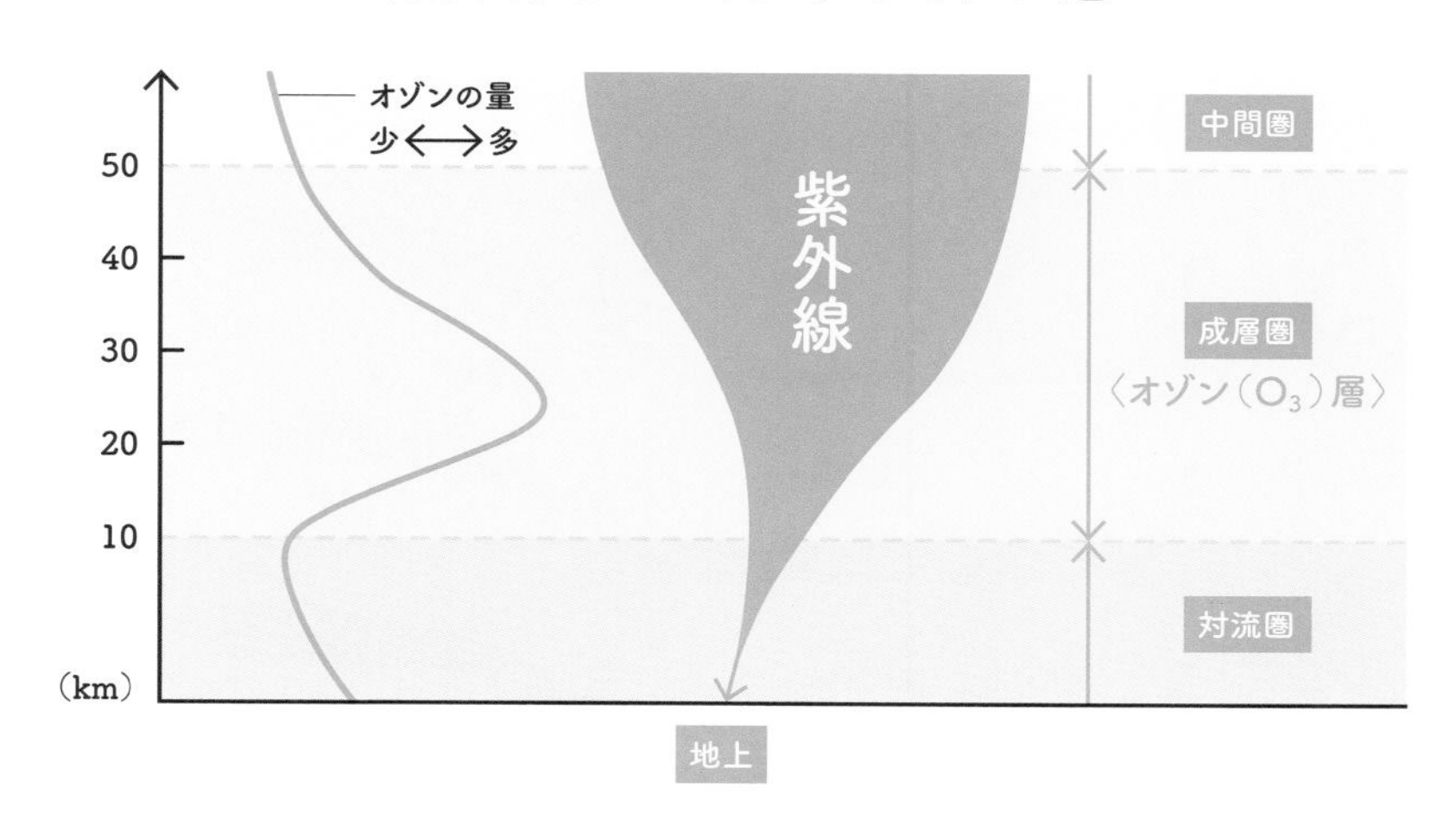

DATA

原子番号 8　元素記号 O　原子量 16.00　周期 第2周期　族 第16族・酸素族　常温・常圧での状態 気体　融点 −218.79℃
沸点 −182.962℃　発見年 1774年　主な存在場所 大気、水、海水

9

F フッ素

単体では猛毒!! なのに化合物はフライパンや歯を守る

フッ素をはじめとする第17族の元素は反応性が非常に高いのが特徴です。この性質を利用して、ガラスを溶かすほど反応性の高いフッ化水素（HF）は、純度の高いシリコン半導体をつくるために使われています。また単体のフッ素には毒性もありますが、化合物をつくると非常に安定することがあり、フライパンを焦げにくく、汚れも落としやすくするフッ素樹脂はその一例。歯の再石灰化を促す性質から、歯科治療にも使われます。

フッ素樹脂加工のフライパンの製造工程

フッ素樹脂は「テフロン」と呼ばれることもありますが、これはアメリカのメーカーの登録商標。

油を引かなくても調理でき、健康志向の時代に注目されました。

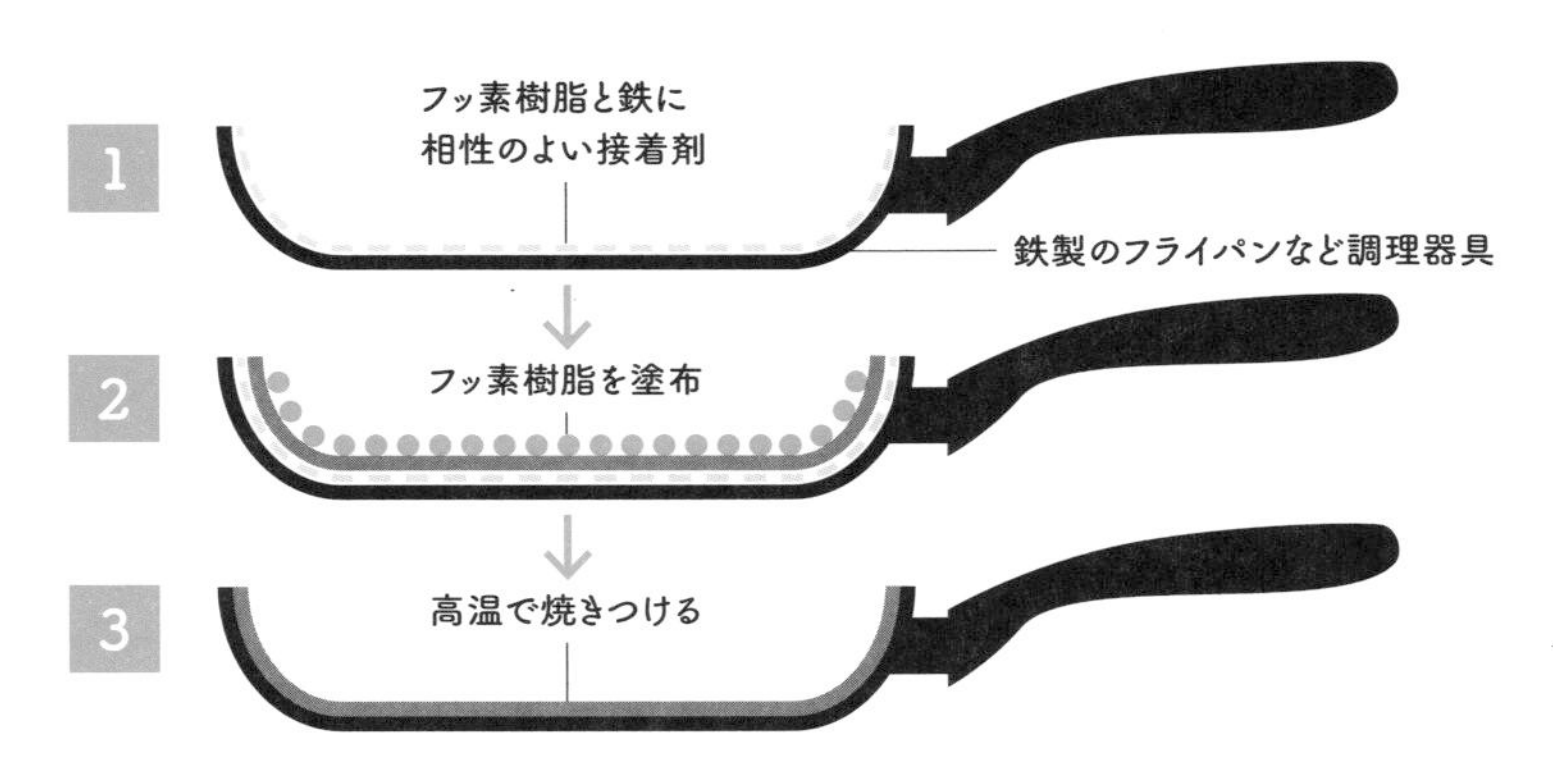

DATA

原子番号 9 元素記号 F 原子量 19.00 周期 第2周期 族 第17族・ハロゲン 常温・常圧での状態 気体 融点 −219.67℃ 沸点 −188.11℃ 発見年 1886年 主な存在場所 ホタル石、氷晶石、フッ素リン灰石

10

Ne ネオン

電圧をかけると赤っぽいオレンジに光り夜を彩る

ネオンは常温では無色の気体ですが、ガラス管に封入して高電圧で放電させるとエネルギーの高い状態（励起状態）になり、それが元の状態に戻るとき黄に赤みを帯びたオレンジに光る性質があります。この現象を利用したのがネオンサインです。なかに入れる気体（主に貴ガス）を変えると光の色を変えられるため、現在ではさまざまなタイプがつくられています。ヘリウムとネオンを混合した気体はレーザーに使われています。

ネオンサインが光る仕組み

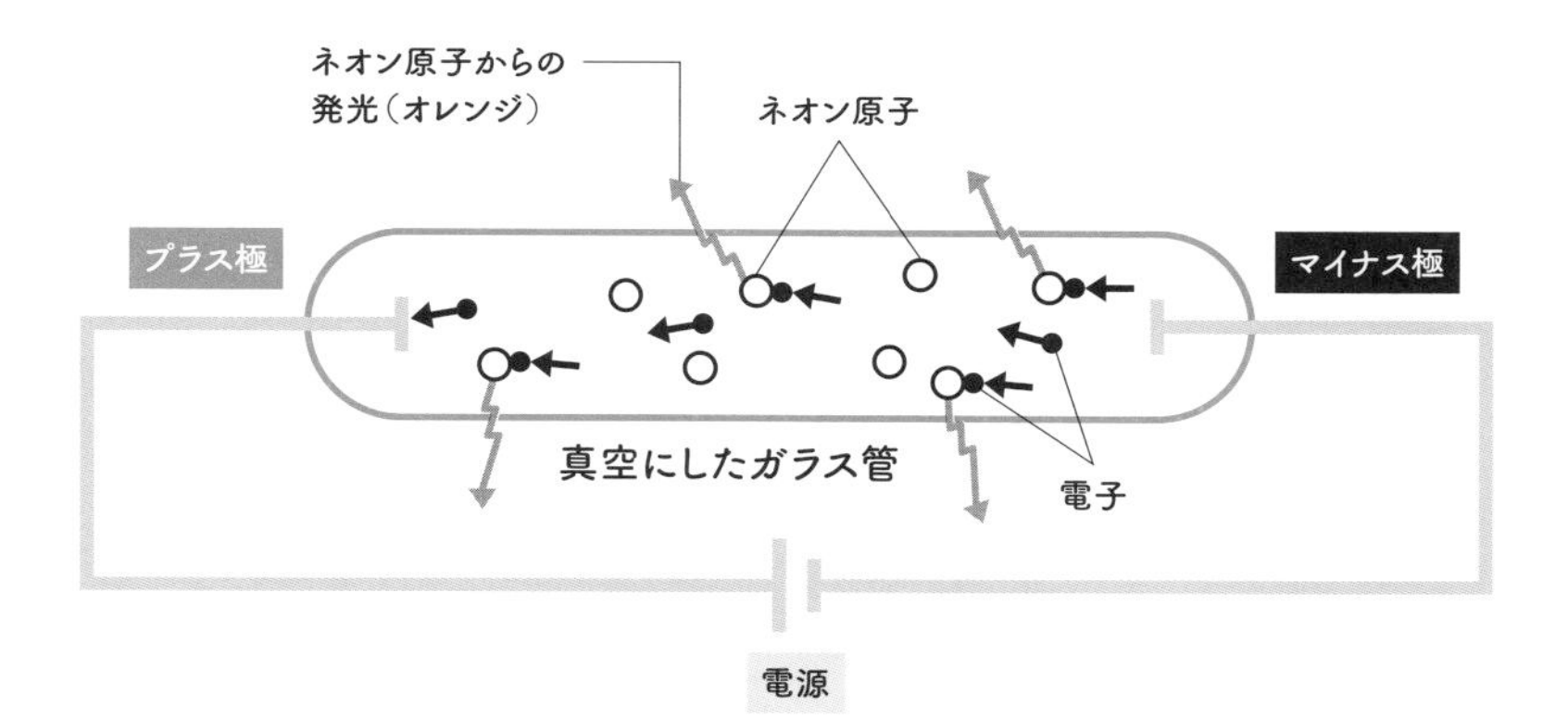

DATA

原子番号 10　元素記号 Ne　原子量 20.18　周期 第2周期　族 第18族・貴ガス　常温・常圧での状態 気体　融点 −248.59℃　沸点 −246.046℃　発見年 1898年　主な存在場所 大気

11

Na ナトリウム

水に触れると激しく燃えるが、化合物は調味料!?

単体のナトリウム（銀白色の固体）は反応性が非常に高く、空気や水とも容易に反応してしまうので自然界には存在しません。主な用途は化学実験や化学工業です。その一方でナトリウムの化合物は、塩や重曹、うま味調味料、ベーキングパウダー、石鹸や入浴剤など、私たちの身近なところにあふれています。ナトリウムは人体においても必須元素の1つです。ナトリウムイオンとして、神経伝達細胞をつなぐ役割を担っています。

水の電気分解の仕組みとナトリウム

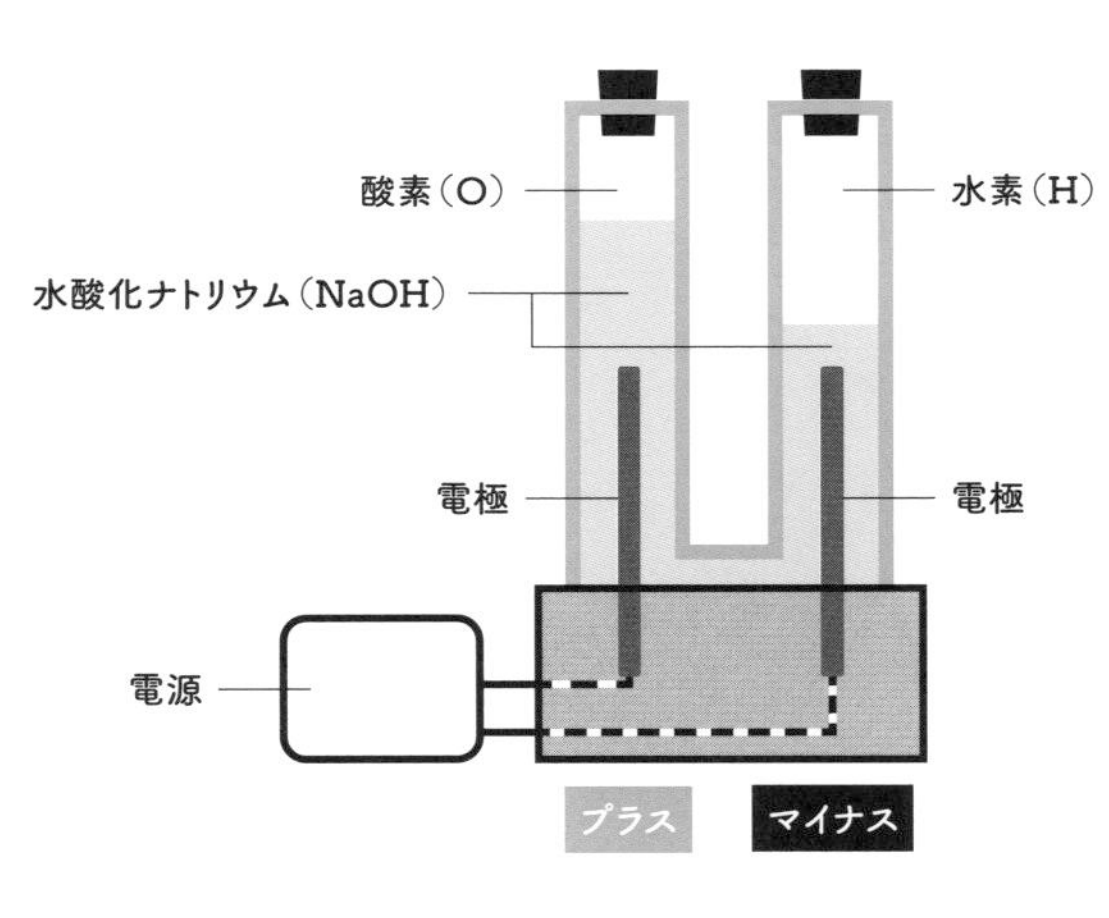

水を電気分解すると水素と酸素ができます。電気を通しやすくするために水に水酸化ナトリウムなどを加えます。

DATA

原子番号 11　元素記号 Na　原子量 22.99　周期 第3周期　族 第1族・アルカリ金属　常温・常圧での状態 固体
融点 97.794℃　沸点 882.940℃　発見年 1807年　主な存在場所 岩塩、天然ソーダ、チリ硝石（ソーダ硝石）

Mg マグネシウム

"にがり"の主成分は、ノートパソコンのボディにもなる

マグネシウムは燃焼時に白く明るく輝く性質があるため、昔は写真撮影のフラッシュによく使われていました。いまではリチウム、ナトリウムの次に比重（密度）が小さい金属元素として、合金（マグネシウムと亜鉛、アルミニウムなど）が、軽くて振動を吸収する素材として、ノートパソコンの本体などに使われるようになっています。生物の必須元素でもあり、植物の葉緑素（クロロフィル）に含まれるマグネシウムは光合成に欠かせません。

どんな食品からマグネシウムを摂っている？

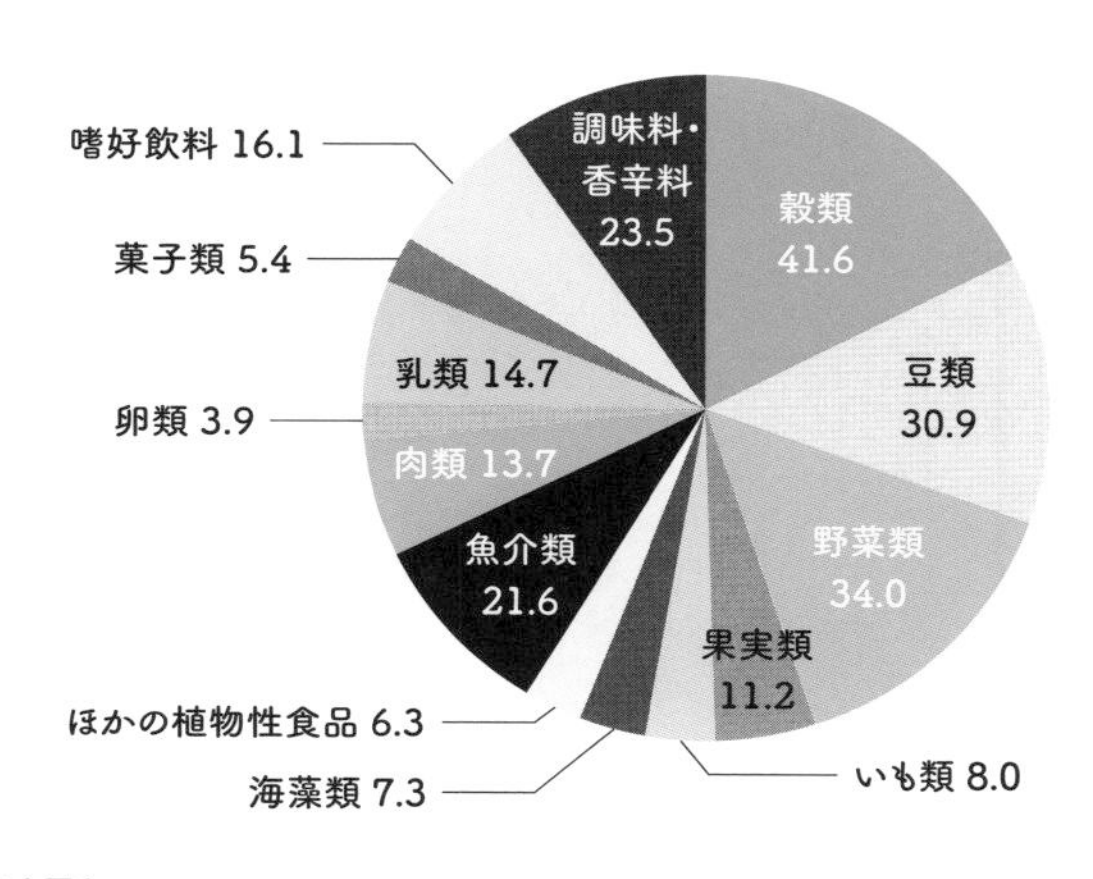

マグネシウムはヒトの健康にとって欠かせない栄養素であるにも関わらず、あまり注目されていません。不足するとさまざまな生活習慣病の原因ともなります。穀類や豆類、野菜類から多く摂られていますが、最も多く含むのは海藻類です。

＊2011～2017年の平均（mg／日）。「国民健康・栄養調査」（厚生労働省）より

DATA

原子番号 12　元素記号 Mg　原子量 24.31　周期 第3周期　族 第2族・アルカリ土類金属（国際基準）
常温・常圧での状態 固体　融点 650℃　沸点 1090℃　発見年 1808年　主な存在場所 水滑石（ブルース石）、苦灰石（ドロマイト）、菱苦土石（マグネサイト）、海水

13

Al アルミニウム

便利で大量にあるが、精錬に大量の電力が必要

軽くて丈夫で、加工しやすく、電気や熱を伝えやすいうえに、毒性が弱いアルミニウムは人類にとって非常に便利な金属元素です。アルミ缶やアルミホイル、1円硬貨など、広範囲で活用されています。地殻内に豊富に存在するのもアルミニウムの魅力の1つですが、精錬するのが難しく、電気分解による方法が確立するまでは貴重なレアメタルでした。ただし日本のように電気代の高い国ではコストが高く、リサイクルが欠かせません。

アルミ箔の製造

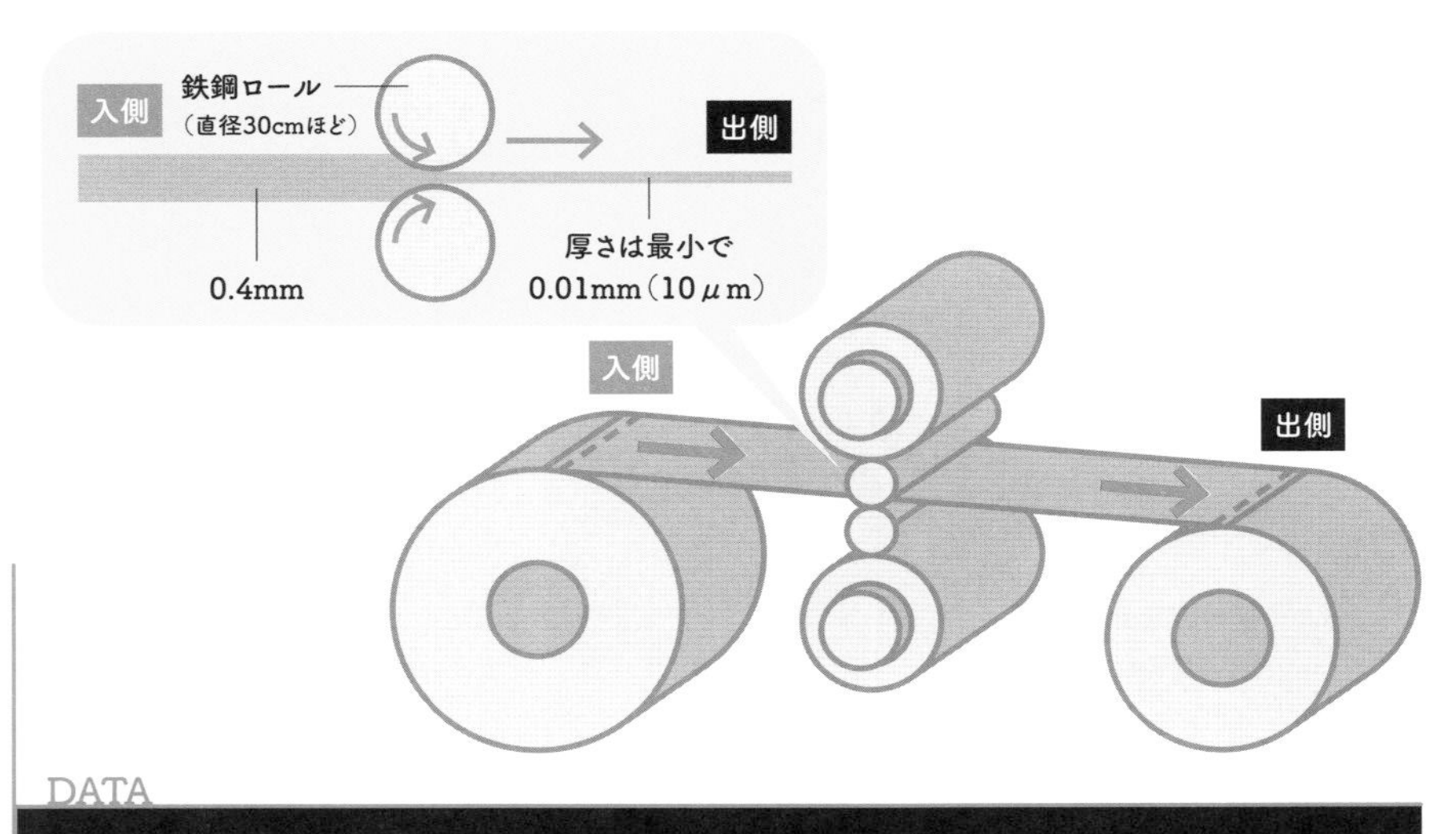

DATA

原子番号 13 元素記号 Al 原子量 26.98 周期 第3周期 族 第13族・ホウ素族 常温・常圧での状態 固体
融点 660.323℃ 沸点 2519℃ 発見年 1825年 主な存在場所 ボーキサイト、サファイア、ルビー

14

Si ケイ素

土器から半導体、太陽電池まで昔もいまも大活躍

ケイ素は地球の地殻やマントルに大量に存在する元素で、さまざまな鉱物に含まれています。長年、陶器やガラスの原料として使われてきましたが、近年では半導体（条件によって電気を通したり、通さなくなる物質）としての性質があることから、さまざまな半導体部品に用いられるようになりました。ケイ素の英語名「シリコン」は、高度情報化社会を象徴する単語だといえるでしょう。またケイ素は、太陽電池の素材としても重要です。

太陽光発電（太陽電池）の仕組み

太陽電池は、電気的に性質の異なる2種類（p型、n型）のシリコンを重ね合わせた構造です。太陽電池に太陽の光があたると、電子（－）と正孔（＋）が発生し、正孔はp型シリコンへ、電子はn型シリコン側へ引き寄せられ、電圧が発生します。

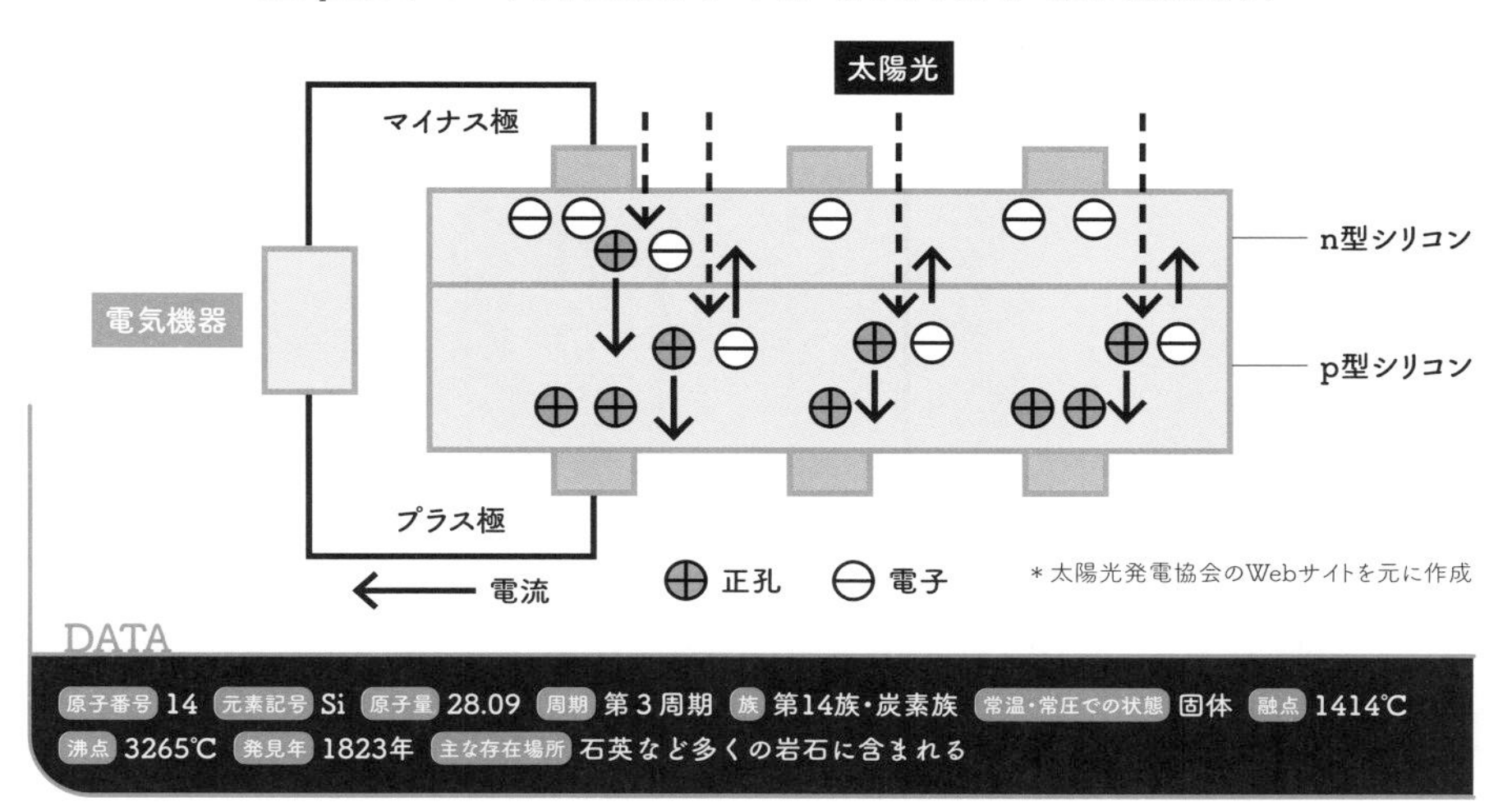

＊太陽光発電協会のWebサイトを元に作成

DATA

原子番号 14　元素記号 Si　原子量 28.09　周期 第3周期　族 第14族・炭素族　常温・常圧での状態 固体　融点 1414℃
沸点 3265℃　発見年 1823年　主な存在場所 石英など多くの岩石に含まれる

15 P リン

錬金術師が尿を煮詰めていたら発見!!

リンはドイツの錬金術師ブラントが人間の尿を乾燥、加熱させることで発見した元素です。生物の成長には欠かせない元素で、人体ではDNAや筋肉を動かすエネルギー源ATP（アデノシン三リン酸）、骨、歯などに含まれます。植物の肥料にも欠かせません。

マッチ箱側面の発火材にリンが使われている

DATA

原子番号 15　元素記号 P　原子量 30.97　周期 第３周期　族 第15族・窒素族　常温・常圧での状態 固体
融点 44.15℃（白リン）　沸点 277℃（白リン）　発見年 1669年　主な存在場所 リン灰石

16 S 硫黄

パーマがかかるのは、毛髪中に含まれるこの元素のおかげ

硫黄といえば温泉ですが、実は匂いがするのは化合物で、単体は無臭。火薬の原料やゴム（タイヤなど）に強さを与えるためにも使われています。人体にもあり、パーマは薬剤を使って髪の毛のタンパク質に含まれる硫黄－硫黄結合を変化させて髪の毛を柔らかくしたり固めたりする技術です。

DATA

原子番号 16　元素記号 S　原子量 32.07　周期 第３周期　族 第16族・酸素族　常温・常圧での状態 固体
融点 95.3℃（斜方晶系）115.21℃（単斜晶系）　沸点 444.6℃　発見年 不明（古代）　主な存在場所 石こう、火山、温泉、玉ねぎ、ニンニク、人体（髪など）

Cl 塩素

さまざまな伝染病を防いだ殺菌消毒の強い味方

単体の塩素は黄緑色の気体ですが、反応性が強いため、身近にあるのはほとんどが化合物です。とりわけ次亜塩素酸ナトリウムと次亜塩素酸カルシウム（カルキ）には強い酸化力と殺菌力があり、水道水の消毒や、服や食器の漂白剤、消毒剤など幅広い用途に用いられていいます。塩酸（塩化水素の水溶液）は人体の胃酸にも含まれており、消化を助ける働きをしています。各種容器に使われるポリ塩化ビニル（ＰＶＣ）も化合物の１つです。

水道水の浄水場の仕組み例（模式図）

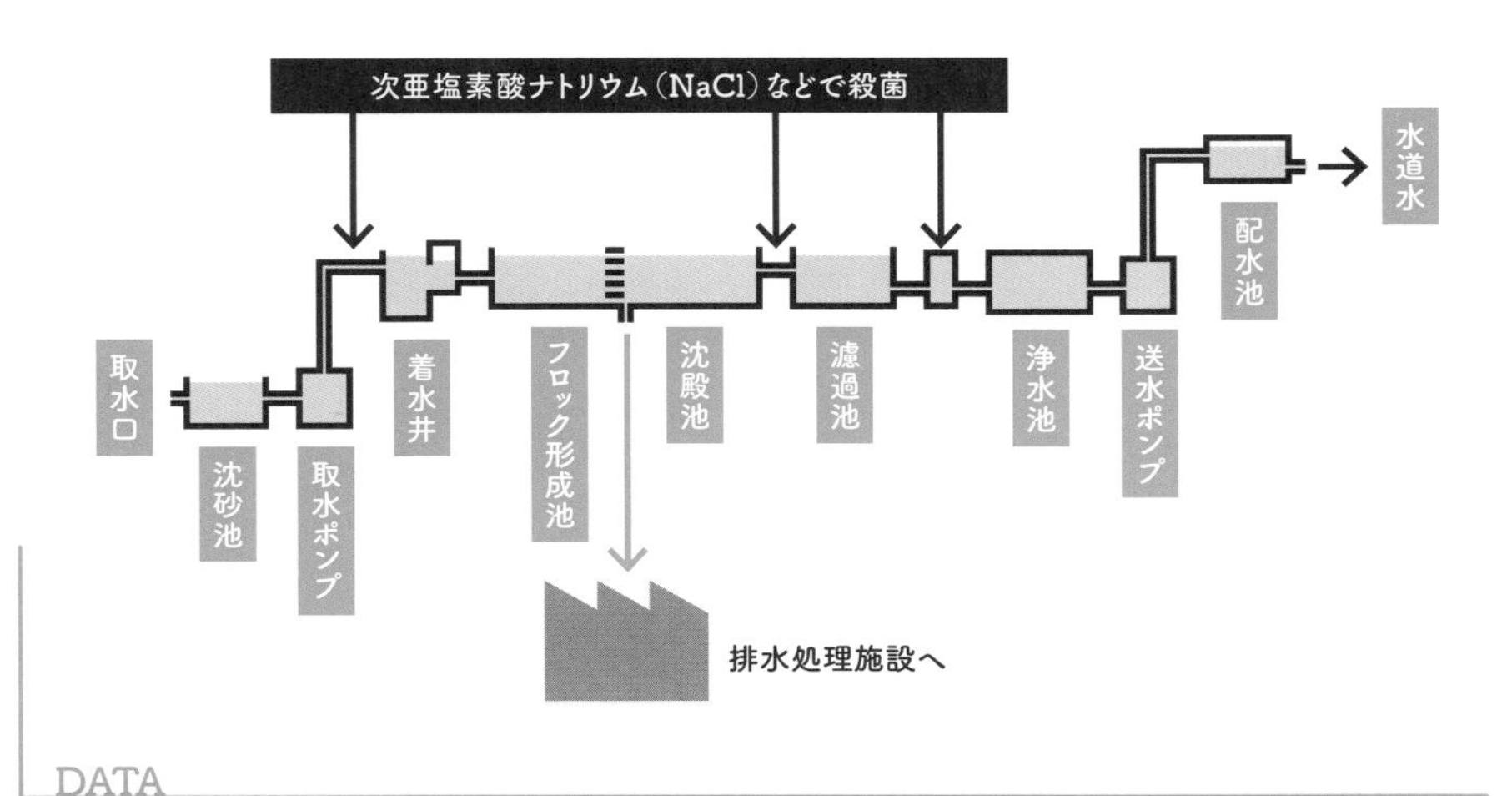

DATA

原子番号 17　元素記号 Cl　原子量 35.45　周期 第３周期　族 第17族・ハロゲン　常温・常圧での状態 気体

融点 −101.5℃　沸点 −34.04℃　発見年 1774年　主な存在場所 岩塩、海水

18

Ar アルゴン

化学反応をほとんど起こさないのが最大の強み

アルゴンは窒素、酸素に次いで大気に多く含まれている元素です。常温では気体で、無色で無臭。ほかの物質とほとんど反応しないのが最大の特徴で、安全な不活性化ガスとして、LED電球登場までは、多くの白熱電球や蛍光灯の内部に封入されていました。また、放電現象による火花を使って金属同士をつなぎ合わせるアーク溶接の現場では、空気中の酸素や窒素と金属が反応するのを防ぐため、アルゴンガスが使われています。

アーク溶接の仕組み

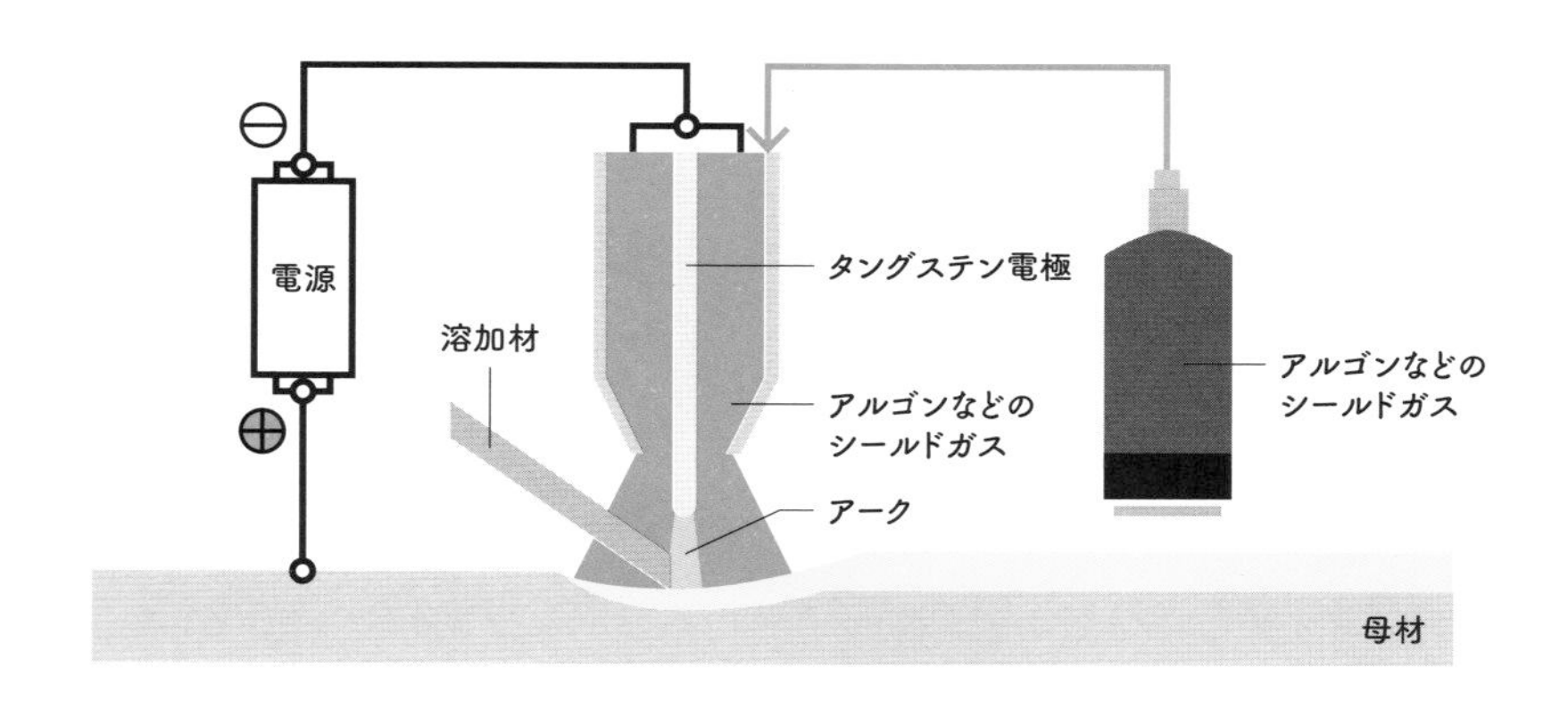

DATA

原子番号 18 元素記号 Ar 原子量 39.95 周期 第3周期 族 第18族・貴ガス 常温・常圧での状態 気体
融点 −189.34℃ 沸点 −185.848℃ 発見年 1894年 主な存在場所 大気

19

K カリウム

植物にも人間にも欠かせない大切な栄養素

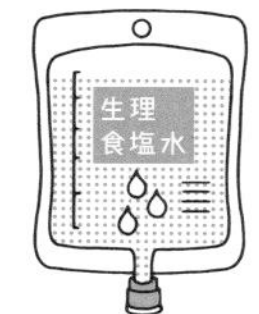

1800年にイタリアで発明されたボルタ電池は、電気分解による多くの元素の発見を促しました。カリウムもその1つ（1807年にイギリスの化学者デービーが発見）で、非常に反応性が高いので、単体では自然界に存在しない元素です。

カリウムは植物の根を育てる必須栄養素であり、人体においても神経伝達機能に欠かせない元素で、不足すると病気の原因になります。

人体に必要な元素とその存在比率

元素（元素記号）	存在比率（％）
酸素（O）	61.0
炭素（C）	23.0
水素（H）	10.0
窒素（N）	2.6
カルシウム（Ca）	1.4
リン（P）	1.1
硫黄（S）	0.2
カリウム（K）	0.2
ナトリウム（Na）	0.14
塩素（Cl）	0.12
マグネシウム（Mg）	0.027

DATA

原子番号 19　元素記号 K　原子量 39.10　周期 第4周期　族 第1族・アルカリ金属　常温・常圧での状態 固体
融点 63.5℃　沸点 759℃　発見年 1807年　主な存在場所 カリ岩塩、花崗岩（御影石）、カーナル石（光鹵石）

20

Ca カルシウム

大人の体重のうち約1kgはこの元素の分

カルシウムといえば骨。骨や歯の主成分はリン酸カルシウムというカルシウムの化合物です。体重70kgの成人男性の体重の約1kgはカルシウムが占めており、人体に最も多く含まれる金属元素でもあります。

石こうやセメントの原料としても利用されていますが、地球で得られる石灰石（炭酸カルシウム）の大半は、太古の海にいた貝類やサンゴの化石由来です。石灰石は国内自給率100%の数少ない鉱石でもあります。

セメント1tの製造に必要な原料の量

原料	量
石灰石	1088 kg
粘土	216 kg
けい石	70 kg
鉄原料	31 kg

巨大なセメント工場。セメントの原料には各種の廃棄物や副産物も有効利用され、また排熱、余熱は、原料の乾燥や発電などに利用されるなど、地球温暖化対策に配慮された製造工程が取り入れられている

DATA

原子番号 20　元素記号 Ca　原子量 40.08　周期 第4周期　族 第2族・アルカリ土類金属　常温・常圧での状態 固体
融点 842℃　沸点 1484℃　発見年 1808年　主な存在場所 石灰石、方解石（カルサイト）、リン灰石

21

Sc スカンジウム

高価なレアメタル。草津温泉で捕集研究が進行中

スカンジウムは産出量が少なく、非常に高価なレアメタル。代表的な用途は、化合物であるヨウ化スカンジウム（ScI_3）を封入したメタルハライドランプ（イカ釣り船の集魚灯、屋外スポーツ施設の夜間照明など）で、少ない消費電力で明るく、長寿命な照明です。アルミニウムとの合金は自転車の軽くて丈夫なフレームにも。日本は全量輸入に頼ってきましたが、現在、草津温泉の温泉水でスカンジウムの捕集研究が進められています。

釣り舟の集魚灯にはメタルハライドランプが使われている

屋外のスポーツ施設の照明用のメタルハライドランプにもスカンジウムが利用されている

DATA

原子番号 21　元素記号 Sc　原子量 44.96　周期 第4周期　族 第3族・希土類（レアアース）　常温・常圧での状態 固体
融点 1541℃　沸点 2836℃　発見年 1879年　主な存在場所 トルトバイト石

22

Ti チタン

ますます活躍の場が増えそうな身体に優しい金属

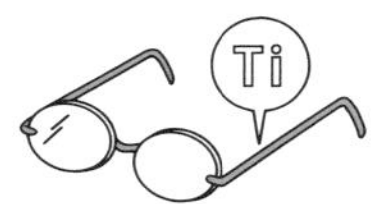

チタンは、地中に多く含まれている元素です。そのうえ丈夫で軽く、サビにくく、人体にも優しい（アレルギーを起こしにくい）ため、精錬技術が確立してからはメガネフレームや腕時計などで利用されるようになりました。最近は二酸化チタン（TiO_2）の光触媒効果（光、主に紫外線があたると有機物を分解する）、超親水性（水と非常になじみやすい）を利用した塗料が開発され、住宅の外壁などに使われています。

超親水性の仕組み

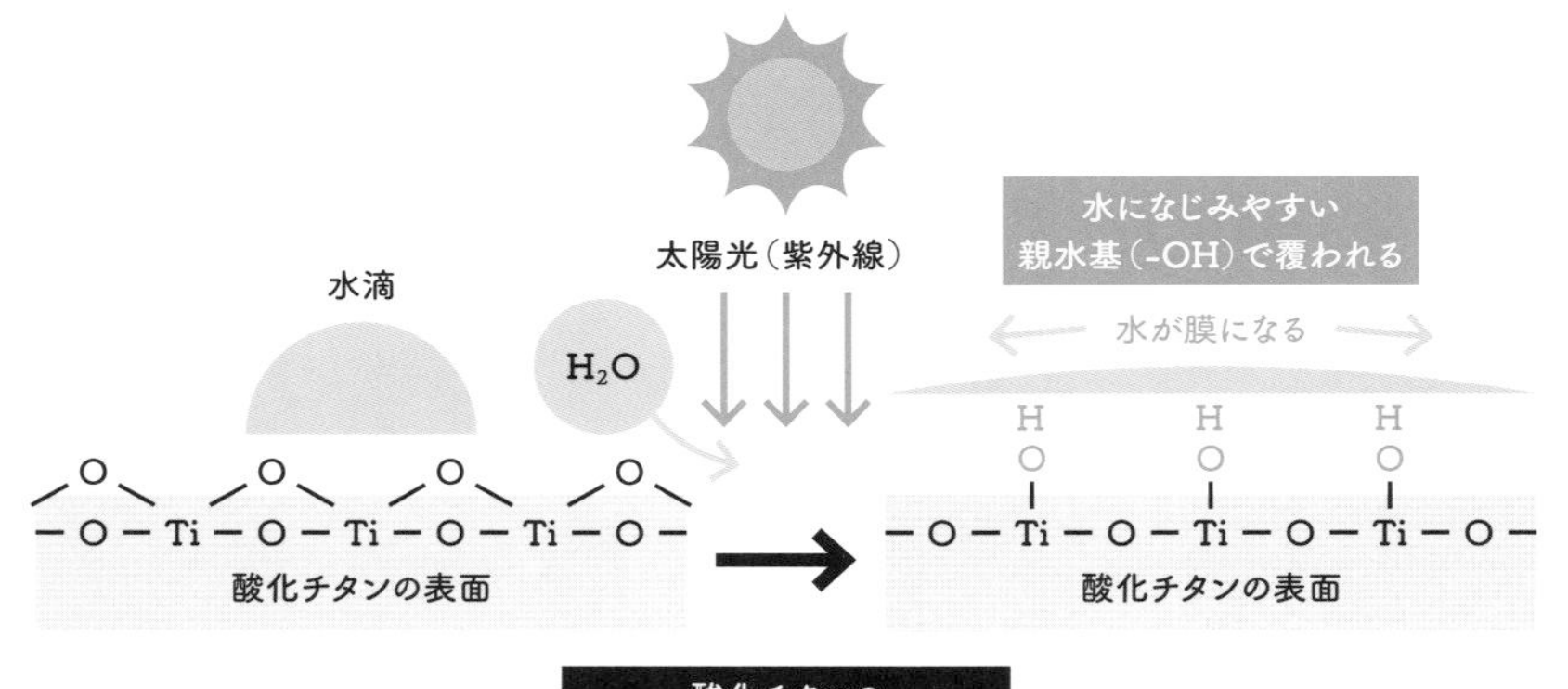

＊国立環境研究所「光触媒の超親水性のメカニズム」より

DATA

原子番号 22　元素記号 Ti　原子量 47.87　周期 第4周期　族 第4族・チタン族　常温・常圧での状態 固体　融点 1668℃　沸点 3287℃　発見年 1791年　主な存在場所 ルチル、イルメナイト（チタン鉄鉱）

23 V バナジウム

富士山麓の地下水にも含まれるミネラル金属

バナジウムはかたく、熱に強いうえに、サビにも強いので、化学薬品を扱うプラントの配管には欠かせない元素です。鉄との合金（バナジウム鋼）は刃物や工具、チタンとの合金は航空機のエンジンに使われます。水素を吸蔵する性質があり、その応用も研究されています。

自転車用工具で使われるバナジウム鋼の工具

DATA

原子番号 23　元素記号 V　原子量 50.94　周期 第4周期　族 第5族・バナジウム族　常温・常圧での状態 固体
融点 1910℃　沸点 3407℃　発見年 1830年　主な存在場所 カルノー石、パトロン石

24 Cr クロム

自動車部品をサビから守ると同時にピカピカ輝かせる

クロムは表面がサビると酸化物の薄い膜（不動態）になり、内部をサビにくくする性質があり、メッキとして使われています。シンクに使われるステンレスもクロムと鉄の合金です。用途によってニッケルなども入れます。三価クロムは豆類に多く含まれており、血糖値の調整に寄与します。

DATA

原子番号 24　元素記号 Cr　原子量 52.00　周期 第4周期　族 第6族・クロム族　常温・常圧での状態 固体　融点 1907℃
沸点 2671℃　発見年 1797年　主な存在場所 クロム鉄鉱、紅鉛鉱

25

Mn マンガン

実はアルカリ電池の正式名はアルカリマンガン乾電池

鉄よりもかたい反面、非常にもろいのがマンガンの特徴です。そのため鉄などとの合金（マンガン鋼、高張力鋼）として、自動車などに使われています。

マンガンといえば、学校の理科の授業（酸素の発生実験）でおなじみの二酸化マンガン（MnO_2）を思い出す方も多いはず。この化合物はマンガン乾電池のプラス極にも使われており、アルカリ電池（正式名アルカリマンガン乾電池）のプラス極も二酸化マンガンです。

マンガン乾電池とアルカリマンガン乾電池の構造

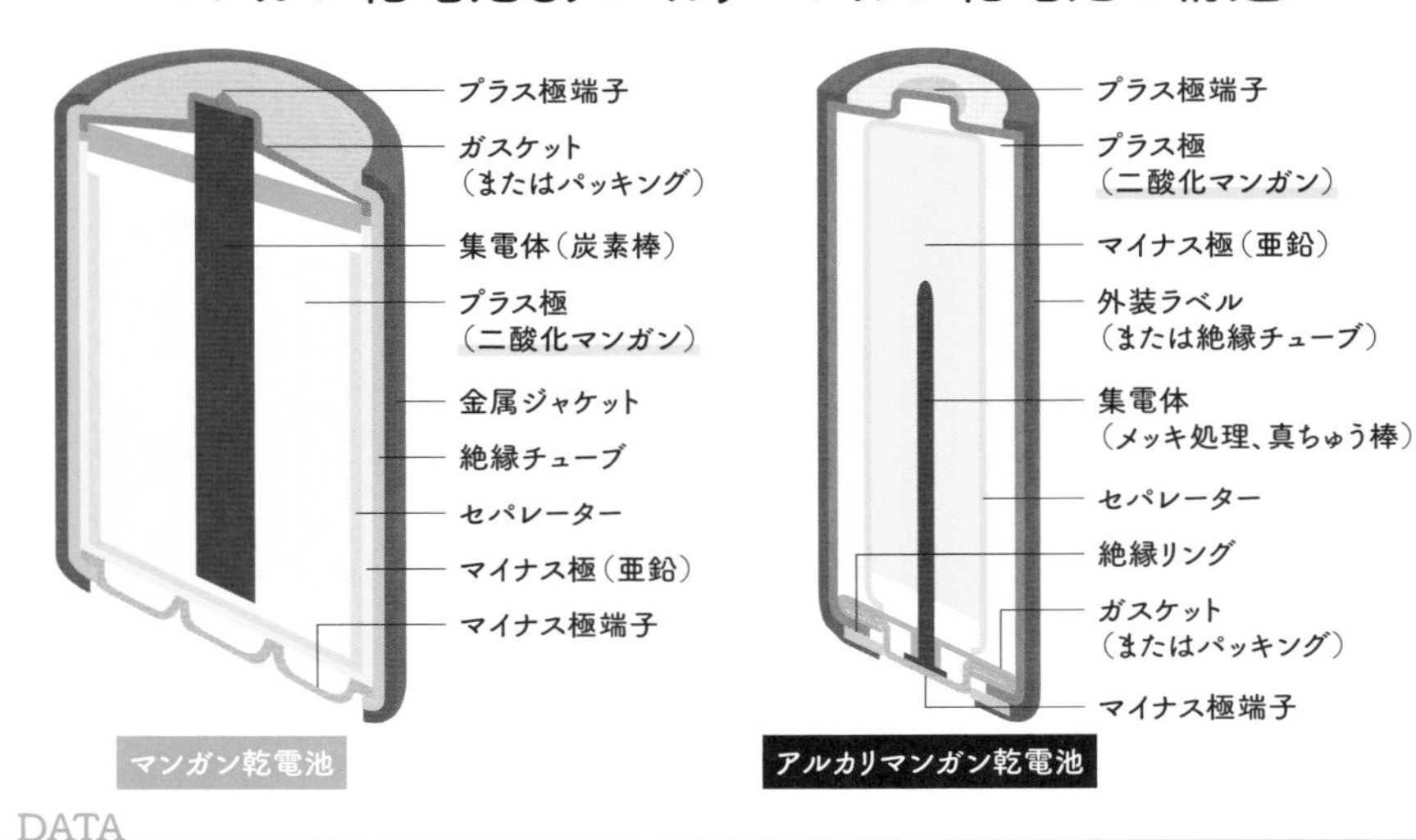

DATA

原子番号 25　元素記号 Mn　原子量 54.94　周期 第４周期　族 第７族・マンガン族　常温・常圧での状態 固体

融点 1246℃　沸点 2061℃　発見年 1774年　主な存在場所 軟マンガン鉱、ハウスマン鉱、マンガン団塊（海底）

26

Fe 鉄

石器文明を終わらせた1番身近な万能金属

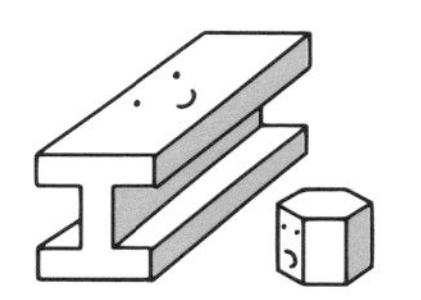

鉄は人類にとってかなり付き合いの長い金属です。製鉄技術の確立は、人類の文明史を大きく前進させました。最大の弱点であるサビやすさを補うため、亜鉛をコーティング（トタン）したり、クロムとの合金（ステンレス）がつくられたりしながら、いまも私たちの生活を支えています。また、人体においても鉄は必須元素の1つであり、血液中のヘモグロビンに含まれる鉄が、酸素を全身に運ぶ役割を担っています。

血液中の赤血球に含まれる鉄

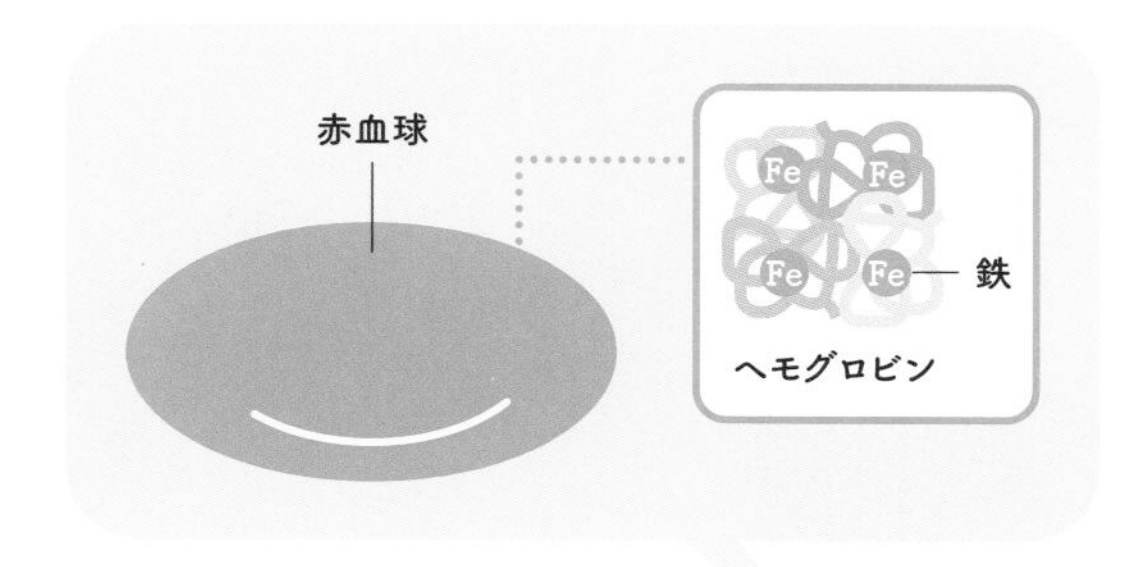

DATA

原子番号 26　元素記号 Fe　原子量 55.85　周期 第4周期　族 第8族・鉄族　常温・常圧での状態 固体　融点 1538℃
沸点 2862℃　発見年 不明（古代）　主な存在場所 磁鉄鉱、赤鉄鉱、褐鉄鉱などの鉄鉱石

27

Co コバルト

コバルトブルーもピンクもこの元素の化合物

コバルトは九谷焼などの陶器やガラスを青くする色素（コバルトブルー）として古くから使われてきました。現代では、化合物である塩化コバルトが、含まれる水分量によって色が変わる性質から、乾燥剤に利用されるようになりました。またサマリウムコバルト磁石は、ネオジム磁石ほど磁力は強くありませんが、熱には強いので、電子レンジなどに使われています。人体の必須元素でもあり、目によいビタミンB_{12}にも含まれます。

九谷焼の器の着色に使われる色素としてコバルトが長く使われてきた

DATA

原子番号 27 元素記号 Co 原子量 58.93 周期 第4周期 族 第9族・鉄族 常温・常圧での状態 固体 融点 1495℃
沸点 2927℃ 発見年 1735年 主な存在場所 輝コバルト鉱、スマルタイト（スマルト鉱）

28

Ni ニッケル

硬貨や二次電池に加え、触媒としても期待される

ニッケルは合金として使われることの多い金属元素で、その用途は非常に多様です。サビにくくかたいうえに、叩いたり延ばしたりしても柔軟に変形して壊れない性質（展延性）から硬貨にも使われています。クロムとの合金はニクロム線（発熱用電線）、チタンとの合金は代表的な形状記憶合金（形を変えても熱を加えると戻る性質の合金）です。最近ではアンモニアを効率よく合成する新しい触媒としても注目されています。

令和3年から使用予定の新500円硬貨は、周囲がニッケル黄銅、中心部は内部が銅、外部が白銅

現在流通している500円硬貨は、ニッケル黄銅（銅72％亜鉛20％ニッケル8％の合金）製

50円硬貨と100円硬貨は、銅75％、ニッケル20％の白銅製

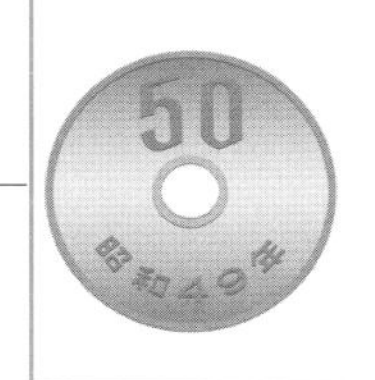

DATA

原子番号 28　元素記号 Ni　原子量 58.69　周期 第4周期　族 第10族・鉄族　常温・常圧での状態 固体　融点 1455℃　沸点 2913℃　発見年 1751年　主な存在場所 ラテライト、ケイニッケル鉱（珪ニッケル鉱）

29

Cu 銅

1万年以上使われ続けている人類の恩人

銅は純度の高いものを比較的容易につくることができます。そのため、鉄よりも古くから世界中で活用されてきました。サビやすさと柔らかさという弱点を補うため、合金も早くからつくられていました。弥生時代の遺跡から見つかっている銅鐸や銅鏡は、青銅という銅とスズの合金。現在でも10円玉やオリンピックの銅メダルに使われています。黄銅（真ちゅう）は亜鉛との合金で、熱を伝えやすい調理器具として人気があります。

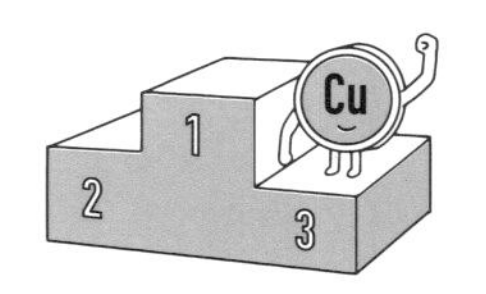

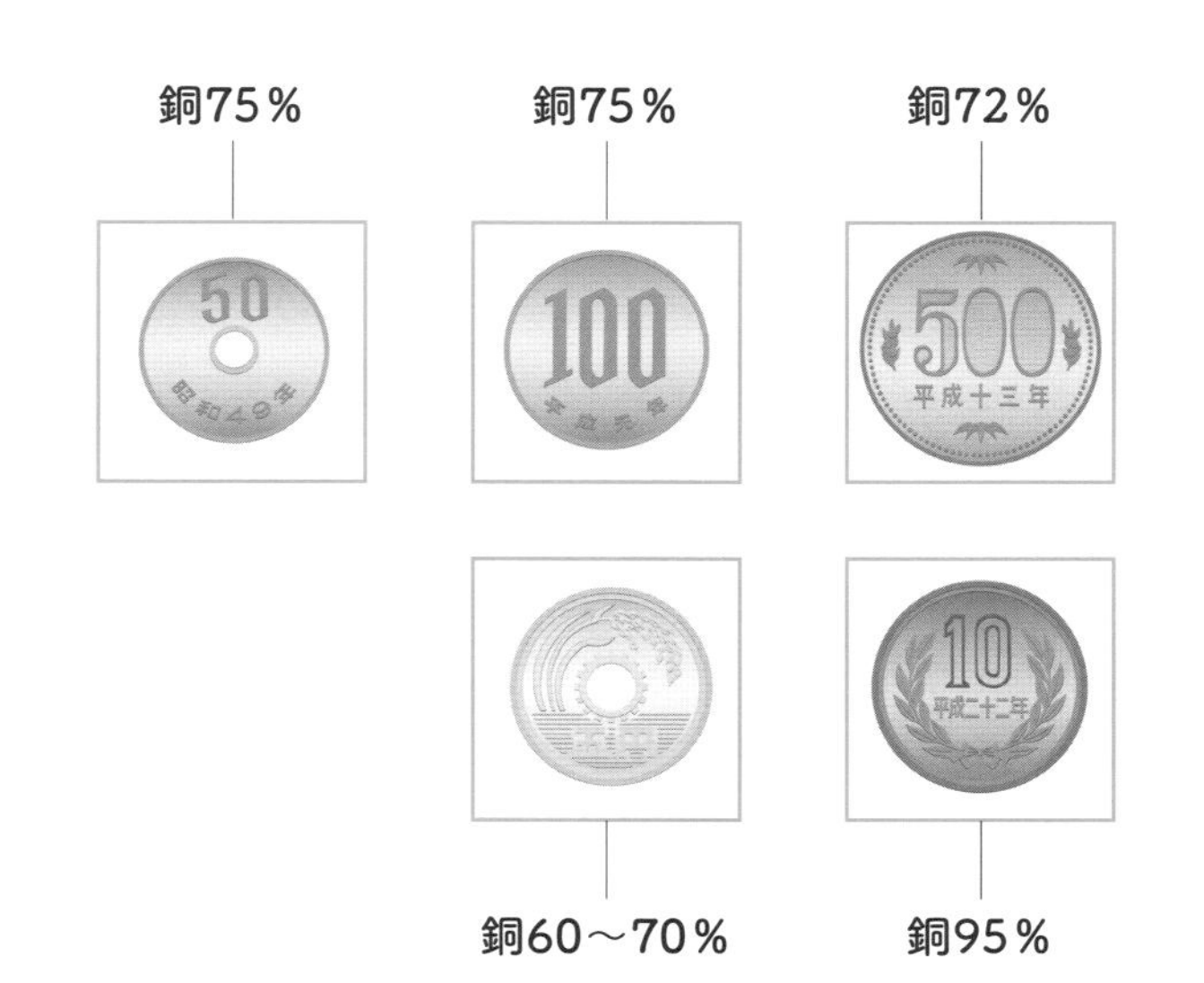

DATA

原子番号 29 元素記号 Cu 原子量 63.55 周期 第4周期 族 第11族・銅族 常温・常圧での状態 固体 融点 1084.62℃ 沸点 2562℃ 発見年 不明（古代） 主な存在場所 黄銅鉱、赤銅鉱、黒銅鉱、斑銅鉱、孔雀石（マラカイト）

30 Zn 亜鉛

体内では必須ミネラル。トタン板にも電池にも

建物の屋根や外壁に使われるトタン板は、鉄の板に亜鉛をメッキしたもの。実は亜鉛は鉄よりも酸化しやすく、先にサビることで内部の鉄を守るのです。またマンガン乾電池、アルカリ乾電池、ボタン電池の一部のマイナス極にも使われています。

人体の必須ミネラルの1つでもあり、DNAの合成や、体内の有害物質を無毒化したり、排出する働きがあります。亜鉛が不足すると味覚障害になることも。

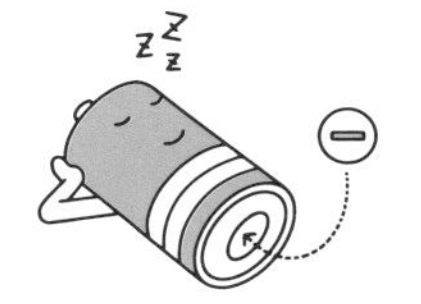

従来のトタンと新しいカラー鋼板

鉄の表面に亜鉛メッキしただけの従来のトタンに比べ、新しいカラー鋼板はより耐久性が増すとともに見栄えもよくなっている。

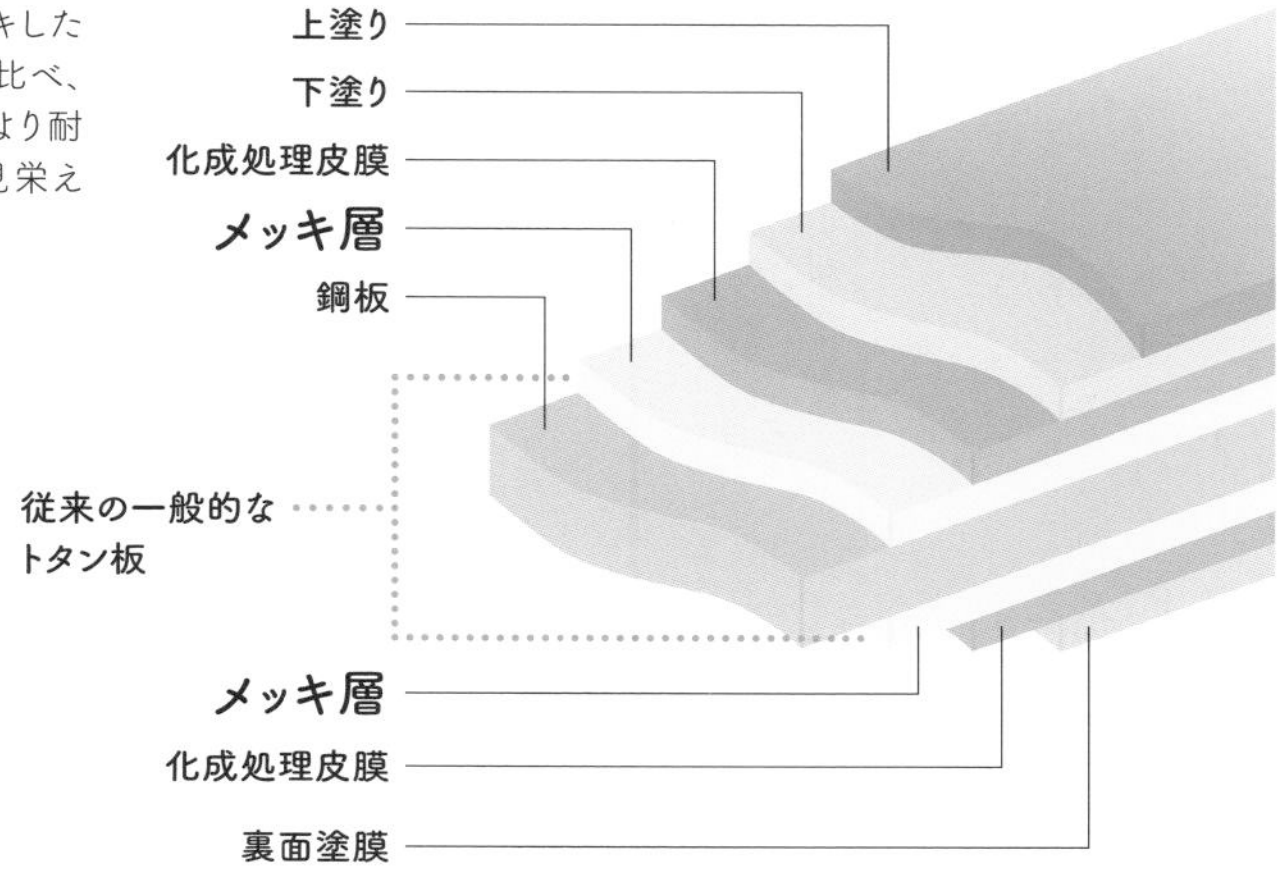

DATA

原子番号 30　元素記号 Zn　原子量 65.38　周期 第4周期　族 第12族・亜鉛族　常温・常圧での状態 固体
融点 419.527℃　沸点 907℃　発見年 不明（古代）　主な存在場所 閃亜鉛鉱

31

Ga ガリウム

LEDで豊かなフルカラーを実現した元素

ガリウムは常温で固体の金属ですが、人間の体温で融けるほど融点が低く、沸点は非常に高いのが特徴で、高温用温度計などに使われています。最大の用途は半導体で、中村修二、赤崎勇、天野浩の3博士らのグループが発明した青色発光ダイオード（青色LED）は窒化ガリウム（GaN）が原料です。この発明により光の三原色（赤、緑、青）すべてがそろい、LEDによるカラー表示が実現。3博士はノーベル物理学賞を受賞しました。

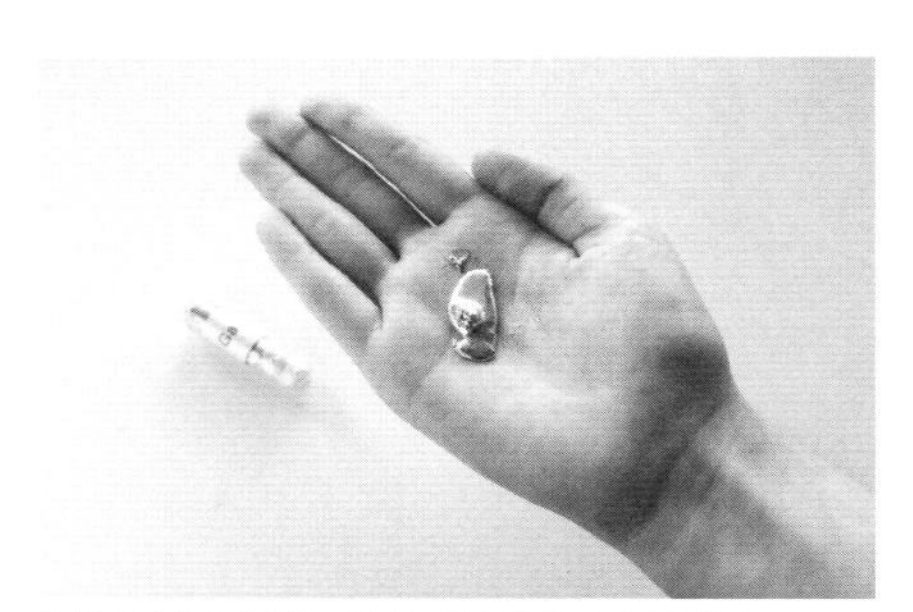

体温で融ける金属！ 自由に形を変えることができる

LEDライト。
現在では赤、緑、青の光の三原色がそろっている

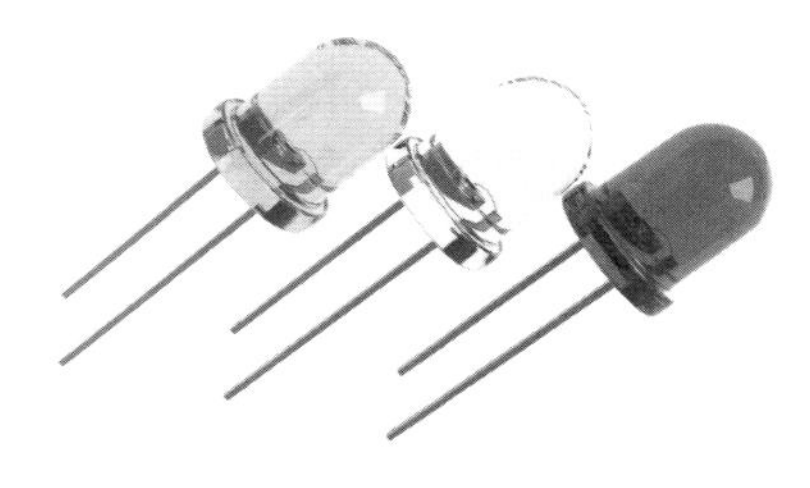

DATA

原子番号 31 元素記号 Ga 原子量 69.72 周期 第4周期 族 第13族・ホウ素族 常温・常圧での状態 固体
融点 29.7646℃ 沸点 2204℃ 発見年 1875年 主な存在場所 ボーキサイト、ガライト（ガリウム銅鉱）

32

Ge ゲルマニウム

メンデレーエフの周期表の正しさを証明した元素

ゲルマニウムは、1869年にメンデレーエフが発表した最初の元素周期表で「未知の元素」として予言されていた元素です。実際に発見されたことで、周期表は広く知られるようになりました。

初期のトランジスタでは半導体素子として使われていましたが、いまではケイ素が主役になっています。また赤外線を吸収しない性質があるので、赤外線カメラのレンズや光ファイバーのコアとしては現役です。

ゲルマニウムラジオの仕組み

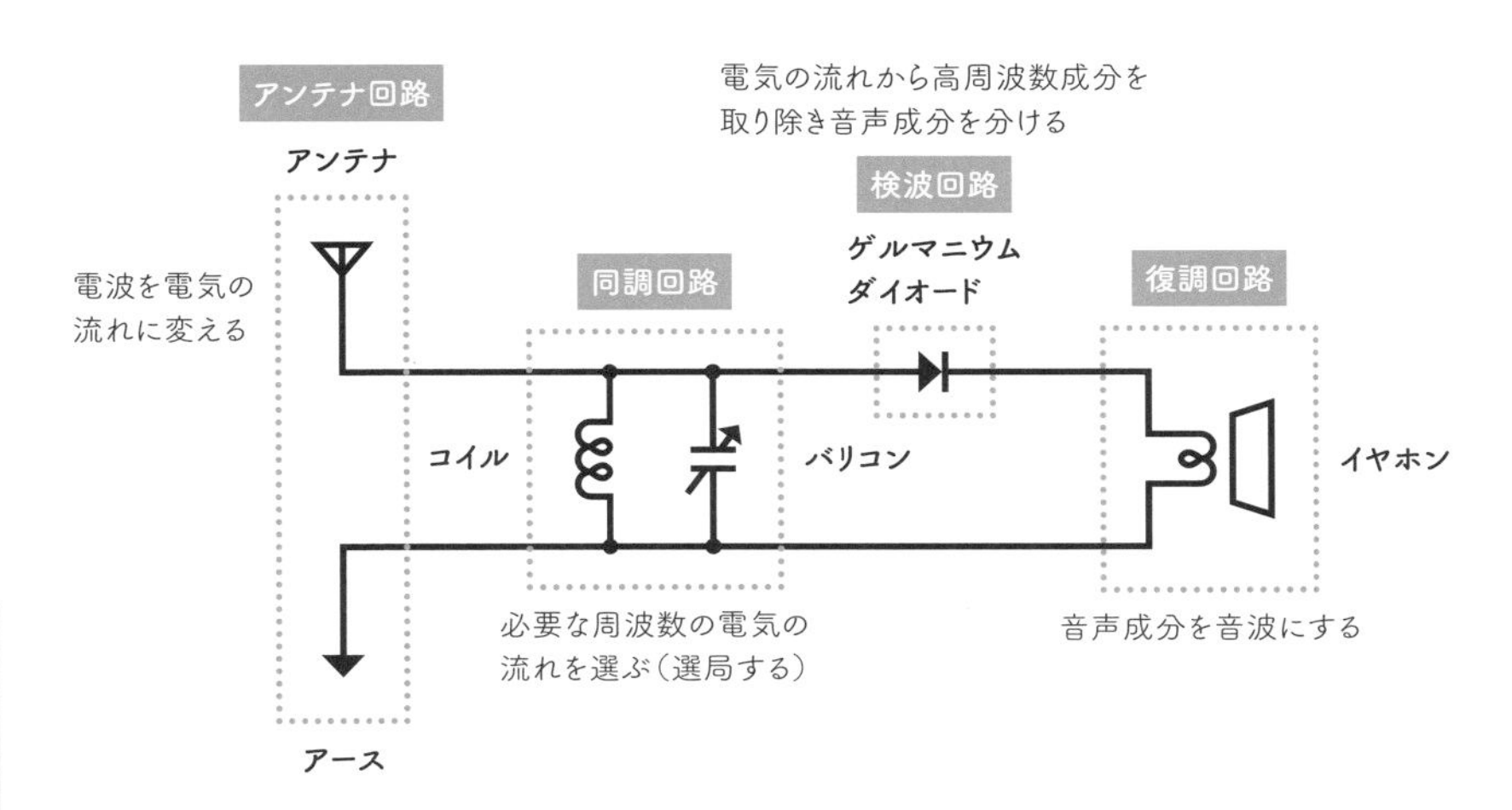

DATA

原子番号 32　元素記号 Ge　原子量 72.63　周期 第4周期　族 第14族・炭素族　常温・常圧での状態 固体　融点 938.25℃　沸点 2833℃　発見年 1886年　主な存在場所 カーボライト、ストット石

33

As ヒ素

毒薬にも、半導体材料にもなる

ヒ素は強い毒性を持つ一方で、無味無臭の元素です。そのため危険な毒薬として知られてきましたが、農薬や防腐剤としては非常に有効であり、幅広く利用されています。近年では、白血病の治療薬、赤外線や赤色光を出すLEDや太陽電池にも化合物が使われるようになりました。

太陽電池に使われるソーラーパネル

DATA

原子番号 33 元素記号 As 原子量 74.92 周期 第4周期 族 第15族・窒素族 常温・常圧での状態 固体 融点 817℃ 沸点 614℃ 発見年 不明（13世紀） 主な存在場所 雄黄（石黄）、鶏冠石

34

Se セレン

免疫力を上げる必須のミネラルだが、多いと毒

セレンの特徴は、ほとんどの元素と結合することができる反応性の高さです。ガラスを着色（赤～オレンジ）する色素や、光があたると電気を通しやすくなる半導体としてコピー機などの感光ドラムに利用されます。人間の必須ミネラルの1つですが、過剰だと胃腸障害などの原因に。

コピー機の感光ドラム

DATA

原子番号 34 元素記号 Se 原子量 78.97 周期 第4周期 族 第16族・酸素族 常温・常圧での状態 固体 融点 221℃ 沸点 685℃ 発見年 1817年 主な存在場所 硫黄化合物から硫酸製造、銅精錬の副産物として得られる

35

Br 臭素

銀塩写真のフィルムの感光剤に

臭素は常温常圧で液体になる元素の1つで、ほかは水銀だけです。反応性（ハロゲン化）が非常に強いため、自然界に存在するのは化合物（臭化物）です。臭化銀（Ⅰ）（AgBr）は写真フィルムや印画紙の感光剤にも。ブロマイドの語源は臭化物の英名（ブロマイド）です。

写真用のフィルム

DATA

原子番号 35 元素記号 Br 原子量 79.90 周期 第4周期 族 第17族・ハロゲン 常温・常圧での状態 液体 融点 −7.2℃ 沸点 58.8℃ 発見年 1826年 主な存在場所 臭銀鉱、海水

36

Kr クリプトン

電球に満たすと明るさと同時に寿命もアップ

クリプトンは、ほかの元素と反応しにくい不活性ガス（貴ガス）としてよく用いられる元素です。白熱電球内に封入すると（クリプトン電球）、フィラメントの輝きを強くし、アルゴン封入のものよりも長持ちさせることができます。その寿命の長さから、非常灯にもよく使われています。

電球にはクリプトンが封入されている

DATA

原子番号 36 元素記号 Kr 原子量 83.80 周期 第4周期 族 第18族・貴ガス 常温・常圧での状態 気体 融点 −157.37℃ 沸点 −153.415℃ 発見年 1898年 主な存在場所 大気

37

Rb ルビジウム

数十億年スケールの年代測定で活躍

ルビジウムはほかのアルカリ金属元素と同じく、水や空気と激しく反応します。発する電磁波の周波数が安定している性質を利用した原子時計は、セシウム原子時計ほど正確ではありませんが、小型で安価なのでＧＰＳ衛星などで活躍。同位体であるルビジウム87には放射性があり、半減期約４８８億年でストロンチウム87に変化します。このことを利用して数十億年レベルの年代測定（ルビジウム・ストロンチウム年代測定法）が可能です。

カーナビなどで正確な位置がわかる仕組み

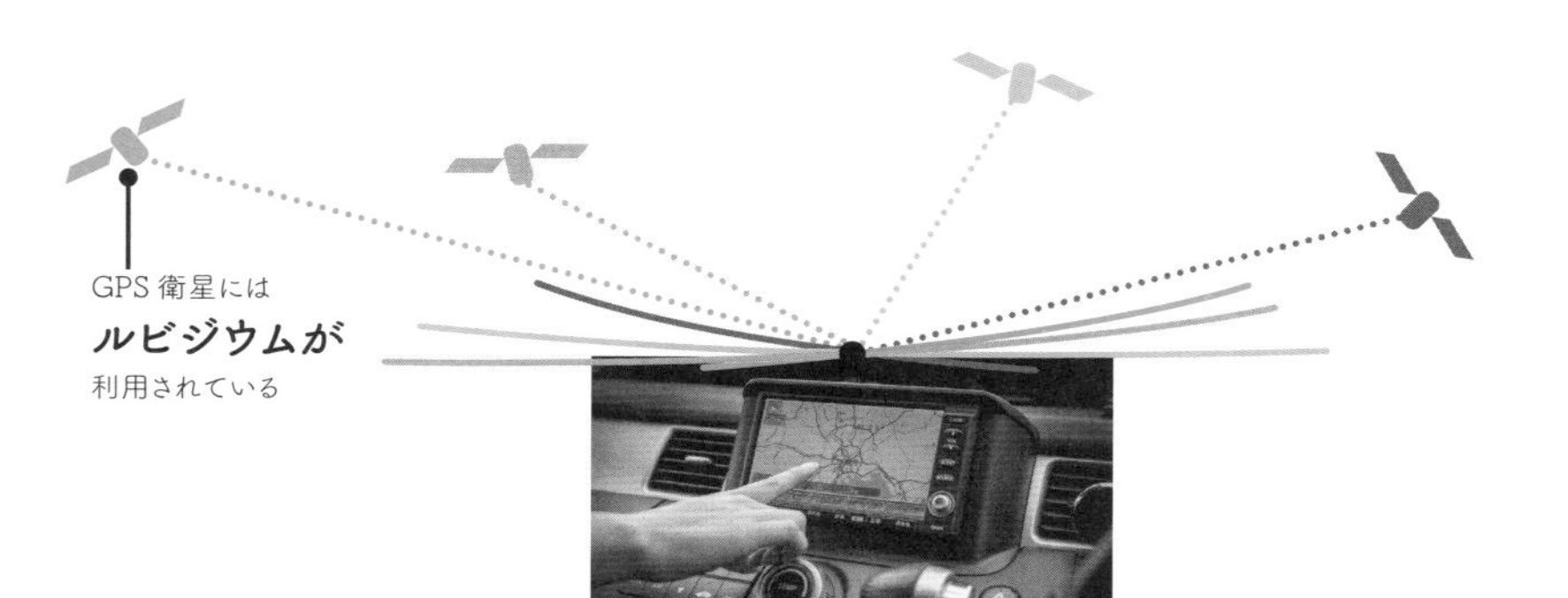

現在、24のGPS衛星が地球を周回しています。
そのなかで、自身の上空にある4つの衛星と通信し距離を測定。
それぞれの距離から、地球上の自身の位置を正確に割り出します。

DATA

原子番号 37　元素記号 Rb　原子量 85.47　周期 第５周期　族 第１族・アルカリ金属　常温・常圧での状態 固体
融点 39.30℃　沸点 688℃　発見年 1861年　主な存在場所 リチア雲母、カーナル石（カーナライト）

38

Sr ストロンチウム

打ち上げ花火や発煙筒の鮮やかな赤の仕掛け人

ストロンチウムは常温常圧では銀白色の柔らかい金属ですが、水や空気と激しく反応する性質があります。花火や発煙筒の赤は、化合物である塩化ストロンチウムの炎色反応を用いたもの。カルシウムに性質が似ているため人体（骨）に吸収されやすく、福島第一原発事故では放射性のある同位体（ストロンチウム90）の拡散が一時、心配されました。その一方で、半減期が短いストロンチウム89は、骨に転移したがんの治療に使われています。

発煙筒から発する赤色は
塩化ストロンチウムの炎色反応

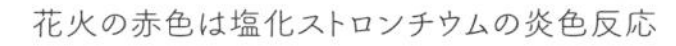

花火の赤色は塩化ストロンチウムの炎色反応

DATA

原子番号 38 元素記号 Sr 原子量 87.62 周期 第5周期 族 第2族・アルカリ土類金属 常温・常圧での状態 固体
融点 777℃ 沸点 1377℃ 発見年 1790年 主な存在場所 セレスタイト（天青石）、ストロンチアン石

39

Y イットリウム

強いレーザー光線を生み出す、工業の恩人

イットリウムは人体にも微量に含まれる銀白色の金属元素です。

イットリウムとアルミニウムを酸化させたガーネット（柘榴石）構造の結晶をＹＡＧと呼び、強いレーザー光を生むので、強力な工業用加工レーザー（ＹＡＧレーザー）などに使われています。

YAG

DATA

原子番号 39 元素記号 Y 原子量 88.91 周期 第５周期 族 第３族・希土類（レアアース） 常温・常圧での状態 固体 融点 1526℃ 沸点 3345℃ 発見年 1794年 主な存在場所 モナズ石、バストネサイト（バストネス石）

40

Zr ジルコニウム

いま注目のファインセラミックスはこの元素から

ジルコニウムの合金は原子炉の燃料棒を覆う材料に使われていますが、高温では水から水素を発生させる触媒になり、福島第一原発事故の一因にもなりました。セラミック包丁に使われるジルコニアは、ジルコニウムと酸素の化合物。義歯にも利用されています。

キュービックジルコニア。主成分は二酸化ジルコニウム。屈折率や硬度がダイヤモンドに似ている

DATA

原子番号 40 元素記号 Zr 原子量 91.22 周期 第５周期 族 第４族・チタン族 常温・常圧での状態 固体 融点 1855℃ 沸点 4377℃ 発見年 1789年 主な存在場所 ジルコン、バデレアイト（バッデレイ石）

41

Nb ニオブ

合金にすると超電導体になる元素。次世代に有望

ニオブは灰色の柔らかい金属元素ですが、主な用途は鋼の強度を高める合金（高張力鋼）です。またチタン、スズとの合金は超伝導性（低温になると電気抵抗がゼロになる）があり、超電導磁石のコイルとしてリニアモーターカーや医療用MRIに活用されています。

まもなく実用化されるJRの超電導リニアモーターカー

DATA

原子番号 41 元素記号 Nb 原子量 92.91 周期 第5周期 族 第5族・バナジウム族 常温・常圧での状態 固体
融点 2477℃ 沸点 4744℃ 発見年 1801年 主な存在場所 コルタン（コルンブ石、タンタル石）、パイロクロア鉱石

42

Mo モリブデン

鉄をよりかたく、粘り強くするし、植物も育てる……

モリブデンを加えたステンレス鋼は熱、サビに強く食器やシンクなどに。鉄、クロムほかとの合金（クロムモリブデン鋼）はかたく、粘り強さがあるので、包丁やロケットエンジンなどに使われます。マメ科植物の生育を促し、人体の必須元素でもあります。

ロケットエンジンにモリブデンが含まれる合金が使われることがある

DATA

原子番号 42 元素記号 Mo 原子量 95.95 周期 第5周期 族 第6族・クロム族 常温・常圧での状態 固体
融点 2623℃ 沸点 4639℃ 発見年 1778年 主な存在場所 輝水鉛鉱、鉛鉱石

43

Tc テクネチウム

人類がはじめてつくった！人工元素第1号がこれ

人工
No.1

テクネチウムは非常に不安定な元素で、地球上には極微量しか存在しません。1937年にサイクロトロンという加速器を使ってモリブデンから人工的につくり出すことで発見されました。つまり、人類が最初につくった人工元素です。

テクネチウムの同位体はすべて放射性で、その性質を利用して、骨に転移したがん細胞や脳血栓などを診断する放射性診断薬として活用されています。

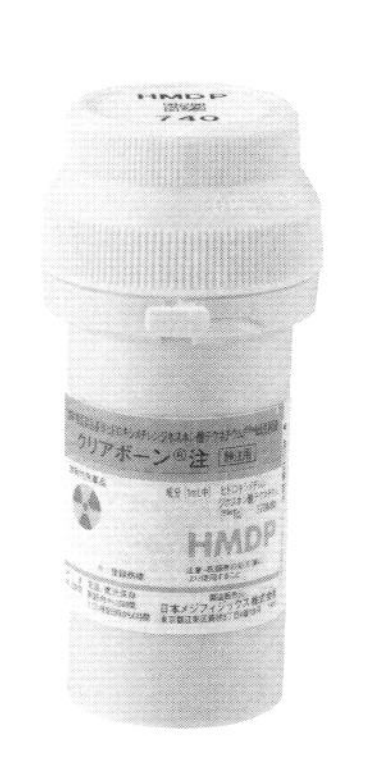

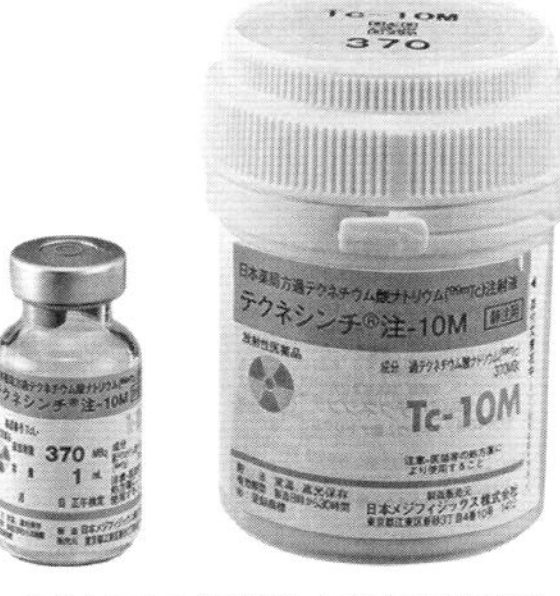
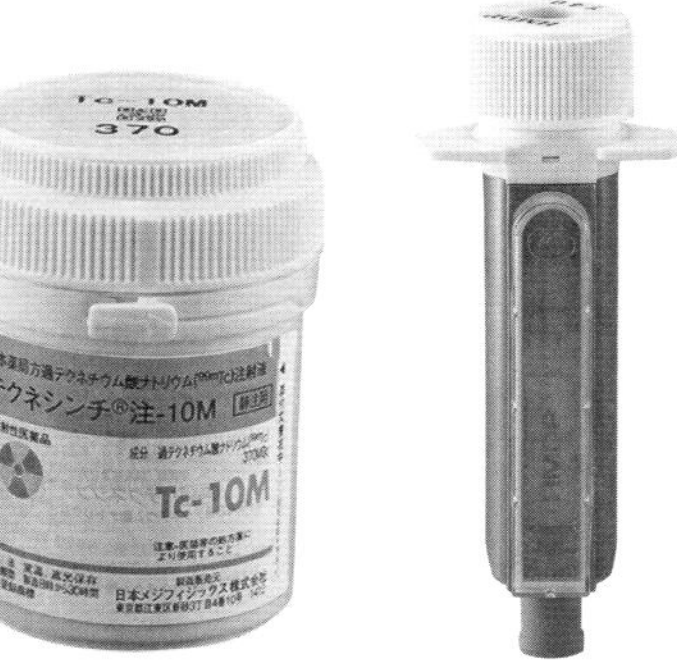

テクネチウムを利用した放射性診断薬

DATA

原子番号 43　元素記号 Tc　原子量 (99)　周期 第5周期　族 第7族・マンガン族　常温・常圧での状態 固体　融点 2157℃　沸点 4265℃　発見年 1937年　主な存在場所 人工元素(天然ではウラン鉱石に極微量含まれることがある)

44

Ru ルテニウム

野依良治博士のノーベル賞受賞に貢献した！

ルテニウムは貴金属の1つで、ハードディスクの記録層に使うと磁気を安定させるため、記憶密度を上げるのに欠かせない元素になっています。性質や見た目が白金に似ているため、装飾品やメッキにも使われます。

化学反応を助ける触媒としても使われており、医薬品や農薬、香料などさまざまな有用な物質を化学合成できます。ルテニウムを使った不斉合成触媒を発明したことで、野依良治博士はノーベル化学賞を受賞しました。

ルテニウムはハードディスクの容量アップに不可欠

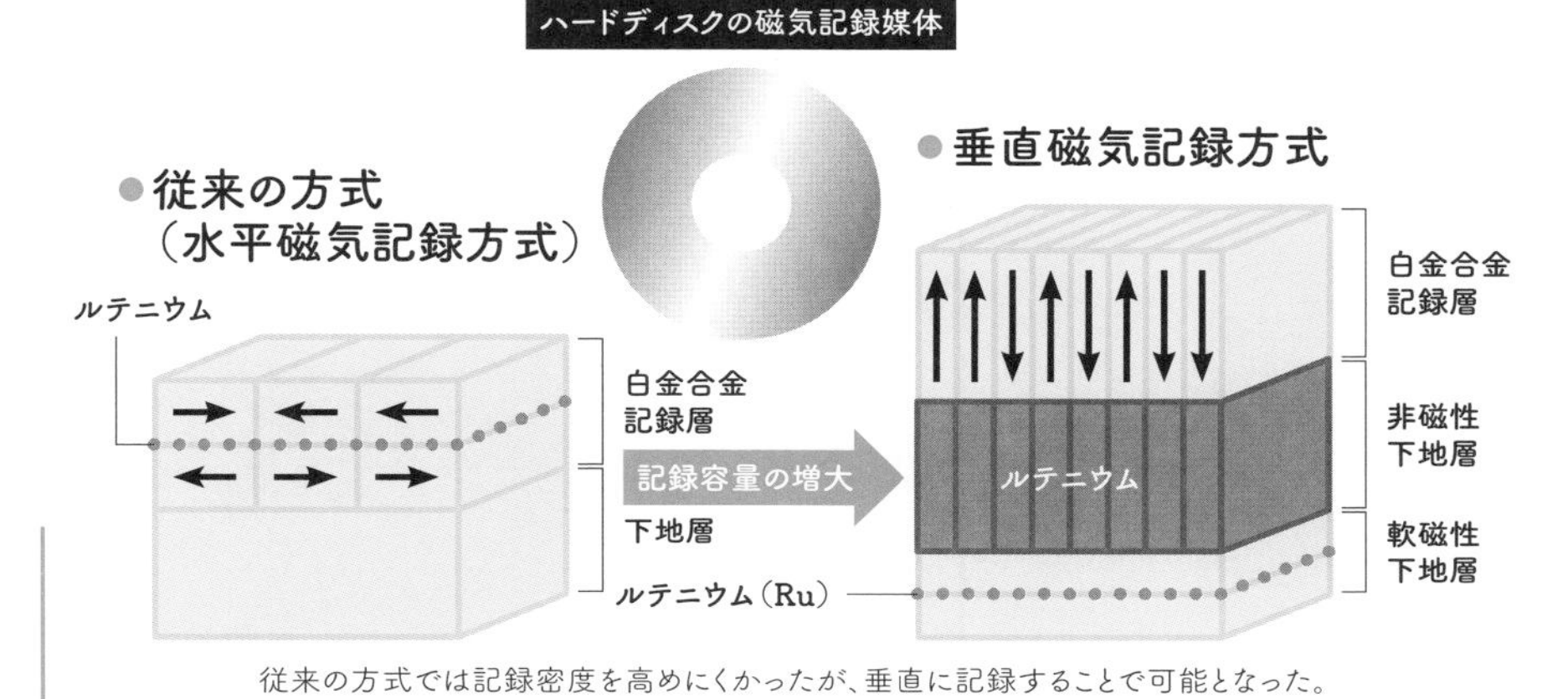

従来の方式では記録密度を高めにくかったが、垂直に記録することで可能となった。質の高い垂直記録層をつくるため、その下にルテニウムの層を設ける必要があった。

DATA

原子番号 44　元素記号 Ru　原子量 101.1　周期 第5周期　族 第8族・白金族　常温・常圧での状態 固体　融点 2334℃　沸点 4150℃　発見年 1844年　主な存在場所 ラウライト(ラウラ鉱)、白金鉱

45

Rh ロジウム

実は白金や金より高価な貴金属

ロジウムは自然界ではごく少量しか存在せず、非常に高価ですが、白金や銅の精錬の際、副産物として得られます。

かたく、酸化しにくく、摩耗にも強いので、金属やガラス、銀製品のメッキに使われます。有機化学の分野では触媒としても広く使われます。

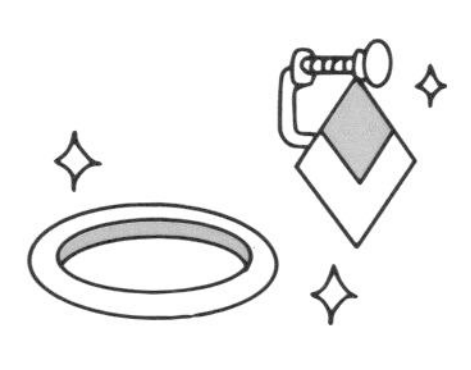

DATA

原子番号 45 元素記号 Rh 原子量 102.9 周期 第5周期 族 第9族・白金族 常温・常圧での状態 固体
融点 1964℃ 沸点 3695℃ 発見年 1803年 主な存在場所 ロドプラム、白金鉱

46

Pd パラジウム

ロジウム、白金と組んで排気ガスをクリーンに

パラジウムは毒性が低く、歯科治療用金属（銀歯）として使われる貴金属元素です。金との合金はホワイトゴールド。自動車の排気ガス浄化のための触媒（三元触媒）にも使われており、自らの体積の900倍以上の水素を取り込む性質から水素を貯える水素吸蔵合金にも使われています。

三元触媒の使われているマフラー

DATA

原子番号 46 元素記号 Pd 原子量 106.4 周期 第5周期 族 第10族・白金族 常温・常圧での状態 固体
融点 1554.9℃ 沸点 2963℃ 発見年 1803年 主な存在場所 白金鉱、ブラッグ鉱

47

Ag 銀

貴金属としても超現役。近年は除菌防臭に注目

銀はその美しさと加工のしやすさから、古くから食器や貨幣、宝飾品などに使われてきた金属元素です。現在では電導率の最も大きい金属として、さまざまな導電部品やソーラーパネルの電極などにも使われています。また銀イオンが細菌の呼吸に必要な酵素の働きを止める効果があることから、銀の化合物を衣服の表面にコーティングしたり、スプレー剤に入れたりして防臭、抗菌グッズにも利用されるようになりました。

銀製品の黒ずみが取れる仕組み

銀製品をしばらく置いておいたり、温泉に入れたりすると黒ずむことがあるが、これは銀が空気中や温泉中の硫黄成分と反応して硫化銀の層ができるため。この層を除去すれば、再び輝く。

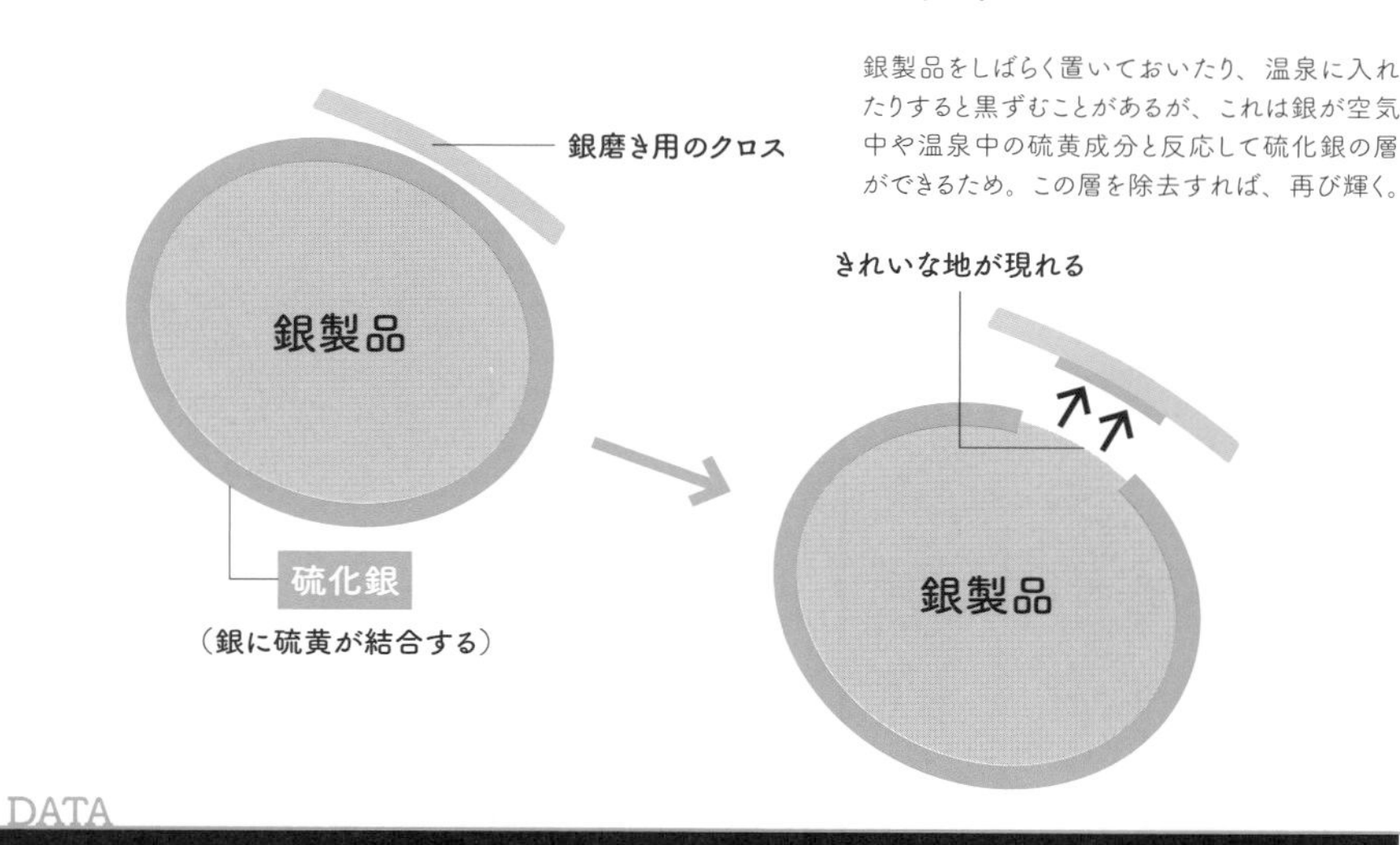

DATA

原子番号 47　元素記号 Ag　原子量 107.9　周期 第5周期　族 第11族・銅族　常温・常圧での状態 固体
融点 961.78℃　沸点 2162℃　発見年 不明（古代）　主な存在場所 自然銀、輝銀鉱

48

Cd カドミウム

鮮やかな黄色の顔料になるが、取り扱いには要注意

カドミウムは安定した金属元素として、機械類のサビ止めメッキ、絵の具やペンキの顔料（カドミウムイエロー）、充電式の二次電池（ニカド電池）などに使われていますが、強い毒性があります。公害病の原因となりました。現在は、使用が厳しく制限されています。

カドミウムは黄色の絵の具の顔料にも使われる

DATA

原子番号 48　元素記号 Cd　原子量 112.4　周期 第５周期　族 第12族・亜鉛族　常温・常圧での状態 固体
融点 321.07℃　沸点 767℃　発見年 1817年　主な存在場所 硫カドミウム鉱、亜鉛鉱石

49

In インジウム

液晶、プラズマ、有機ELに欠かせないいまをときめくレアメタル

インジウムは銀白色の柔らかい金属元素。透明で、電気を通しやすい酸化インジウムスズ（ITO）という化合物は液晶ディスプレイやタッチパネル、太陽電池に欠かせない素材になっています。以前は日本が世界最大の産地でしたが、現在では輸入に頼るレアメタルです。

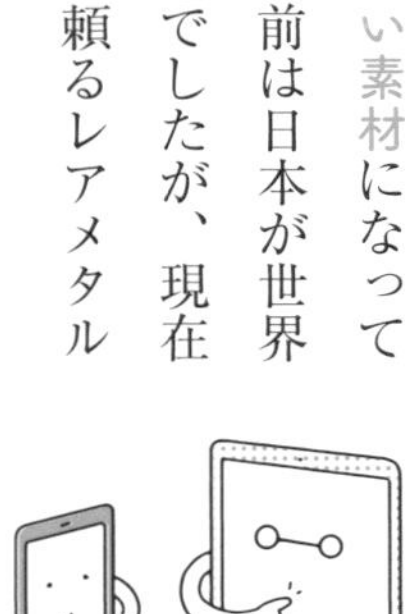

DATA

原子番号 49　元素記号 In　原子量 114.8　周期 第５周期　族 第13族・ホウ素族　常温・常圧での状態 固体　融点 156.6℃
沸点 2072℃　発見年 1863年　主な存在場所 インジウム銅鉱、インダイト

50 Sn スズ

懐かしいブリキのおもちゃや缶詰で活躍

常温常圧では柔らかい金属ですが、13・2℃以下になると結晶構造が変わって金属としての性質を失います。加工が容易で、毒性も低いので、青銅（銅との合金）などが古くから使われてきました。薄い鉄板にスズをメッキしたのはブリキ。鉛との合金は、はんだです。

懐かしいブリキ製のおもちゃ

DATA

原子番号 50 元素記号 Sn 原子量 118.7 周期 第5周期 族 第14族・炭素族 常温・常圧での状態 固体 融点 231.928℃ 沸点 2602℃ 発見年 不明（古代） 主な存在場所 スズ石、黄錫鉱

51 Sb アンチモン

クレオパトラのアイシャドーから鉛蓄電池の電極まで

スズ、銅との合金（ホワイトメタル）は摩耗しにくく、機械の回転軸を支える軸受けや鉛蓄電池の電極や半導体の材料にも使われています。毒性がありますが、昔は化合物をアイシャドーにしたり、鉛との合金を活版印刷の活字に使っていたこともあります。

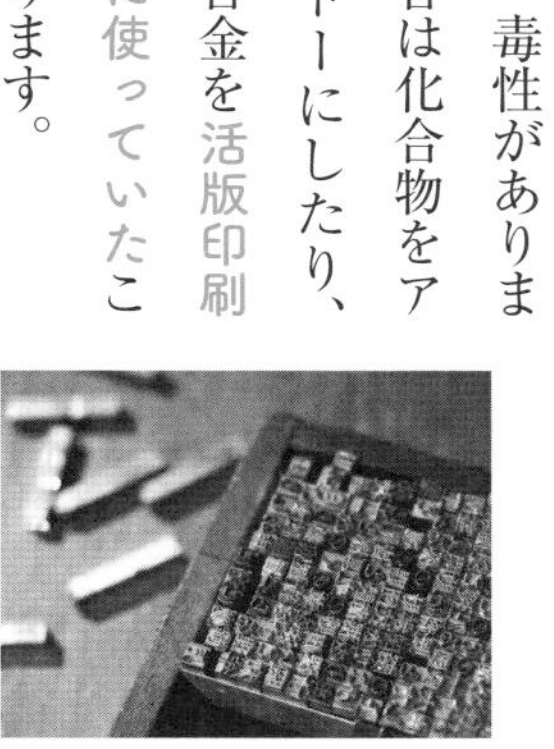

活版印刷用の活字には鉛との合金が使われていた

DATA

原子番号 51 元素記号 Sb 原子量 121.8 周期 第5周期 族 第15族・窒素族 常温・常圧での状態 固体 融点 630.63℃ 沸点 1587℃ 発見年 不明（古代） 主な存在場所 輝安鉱

52

Te テルル

DVDを自在に書きかえできるようにする

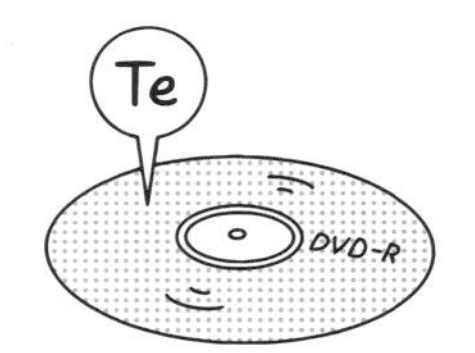

テルルは金属の性質を持ちながら、電気を伝えにくい特徴を持つ（半導体）レアメタルです。熱によって結晶と非結晶が変化する性質を利用することで、書きかえ可能な光ディスクの記録層には欠かせない元素になっています。またテルルとビスマスの合金は、電気を流したときに、ある金属の熱が別の金属に吸収される現象（ペルチェ効果）を起こす性質があり、熱電素子として半導体の冷却などに利用されています。

ペルチェ効果の仕組み

電気を流すと金属間で熱が放出、吸収される現象が起こります。

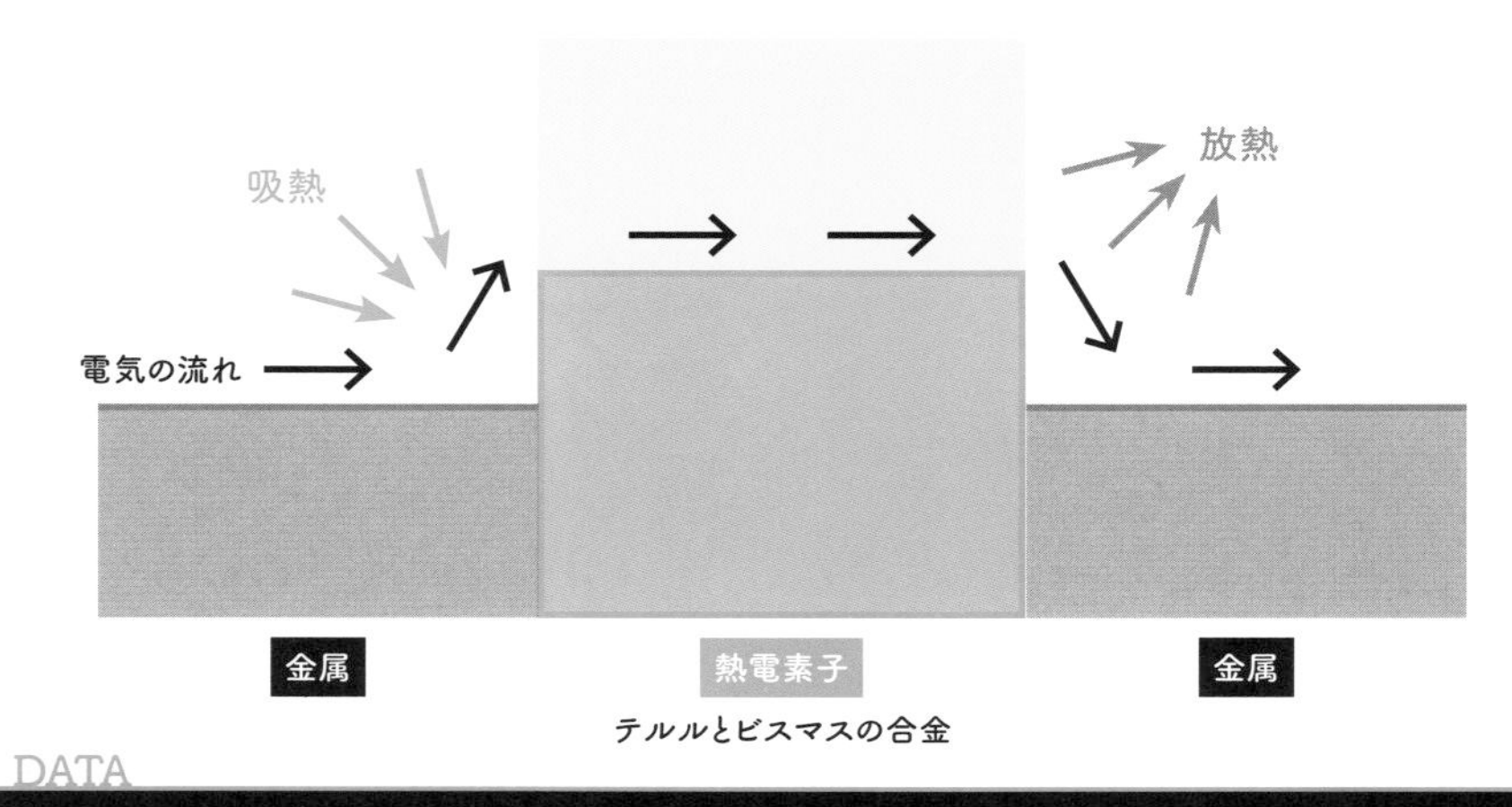

DATA

原子番号 52　元素記号 Te　原子量 127.6　周期 第5周期　族 第16族・酸素族　常温・常圧での状態 固体　融点 449.51℃
沸点 988℃　発見年 1782年　主な存在場所 シルバニア鉱、カラベラス鉱

53

I ヨウ素

実は千葉県が世界的な大産地だったとは！

ヨウ素は常温では濃い紫色の固体で、昆布などの海藻類に多く含まれる元素です。周囲の元素を酸化させる性質から、殺菌のためのうがい薬や消毒剤（ヨードチンキ）などに使われてきました。人間の必須元素でもあり、甲状腺ホルモンで代謝を助ける働きをしています。

千葉県の地下水に多く含まれており、最近まで日本はヨウ素の産出世界第1位でした（現在はチリに次いで2位）。

UGAI GUSURI

ヨウ素の産出国と産出量

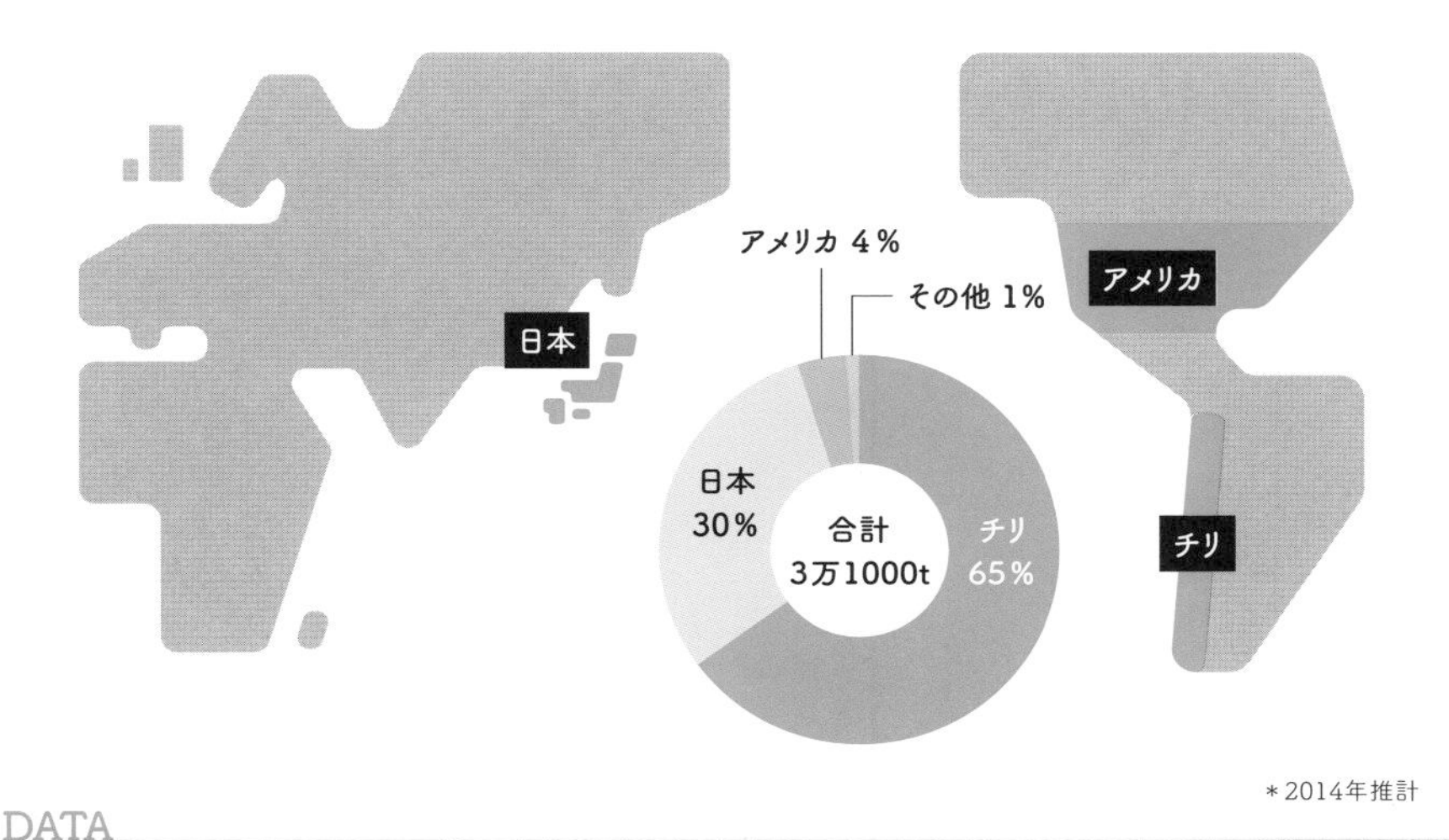

＊2014年推計

DATA

原子番号 53　元素記号 I　原子量 126.9　周期 第５周期　族 第17族・ハロゲン　常温・常圧での状態 固体　融点 113.7℃　沸点 184.3℃　発見年 1811年　主な存在場所 天然ガス、海水、海藻

54

Xe キセノン

はやぶさ・はやぶさ2のイオンエンジンの燃料！

キセノンはほかの元素と反応しにくい貴ガス元素で、キセノンを封入したランプは太陽光に近い色になり、エネルギー消費も少ないので自動車のヘッドライトなどに利用されます。小惑星探査機はやぶさ、はやぶさ2に搭載されたイオンエンジンの推進剤にも使われています。

自動車のヘッドライトに使われるキセノンランプ

DATA

原子番号 54 元素記号 Xe 原子量 131.3 周期 第5周期 族 第18族・貴ガス 常温・常圧での状態 気体 融点 −111.75℃ 沸点 −108.099℃ 発見年 1898年 主な存在場所 大気

55

Cs セシウム

空気で燃え、水で爆発するが、世界一時間に正確

セシウムはアルカリ金属のなかで最も反応性が高い元素です。同位体のセシウム133原子の発する電磁波の周波数が非常に規則的なことを利用し、現在世界で最も正確な原子時計がつくられています。また1秒の国際的な定義もいまはセシウムが出すこの電磁波が基準です。

1秒

絶対零度（−273.15℃）のセシウム133原子の出す電磁波が91億9236万1770回振動するのにかかる時間

DATA

原子番号 55 元素記号 Cs 原子量 132.9 周期 第6周期 族 第1族・アルカリ金属 常温・常圧での状態 固体 融点 28.5℃ 沸点 671℃ 発見年 1860年 主な存在場所 ポルクス石（ポルックス石）、リチア雲母

56

Ba バリウム

単体は毒。胃の検査で飲むのは硫酸バリウム

バリウムは銀白色の柔らかい金属元素。酸化しやすく、水やアルコールにも反応しやすいので、石油中で保存されます。毒性がありますが、胃や腸の検査に使うのは硫酸バリウム（$BaSO_4$）で毒性はありません。この化合物がX線を通しにくい性質を利用しています。

硫酸バリウムはX線撮影の造影剤で使われる

DATA

原子番号 56　元素記号 Ba　原子量 137.3　周期 第6周期　族 第2族・アルカリ土類金属　常温・常圧での状態 固体
融点 727℃　沸点 1845℃　発見年 1808年　主な存在場所 重晶石、毒重石

57

La ランタン

エコ設計で話題の充電池ニッケル水素電池で活躍

ランタノイド（115ページ参照）に分類される元素で、酸化ランタン（Ⅲ）（La_2O_3）をガラスに混ぜると屈折率が高く、ゆがみのない光学レンズになります。また、ニッケルとの合金が水素を吸蔵する働きがあり、ニッケル水素電池の負極材料に使われて性能向上に貢献しています。

高性能な光学レンズ

DATA

原子番号 57　元素記号 La　原子量 138.9　周期 第6周期　族 第3族・希土類（レアアース）・ランタノイド
常温・常圧での状態 固体　融点 920℃　沸点 3464℃　発見年 1839年　主な存在場所 モナズ石、バストネス石

58

Ce セリウム

紫外線を吸収するUVカット元素

セリウムはレアアースのなかで1番存在量の多い元素です。酸化セリウム（CeO_2）には紫外線を吸収する性質があり、UVカットガラスや日焼け止めに使われます。

また非常にかたい性質を利用し、宝石やガラスの研磨剤としてもよく使われています。

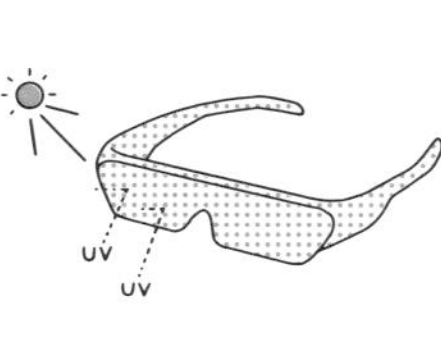

DATA

原子番号 58　元素記号 Ce　原子量 140.1　周期 第6周期　族 第3族・希土類（レアアース）・ランタノイド
常温・常圧での状態 固体　融点 7959℃　沸点 3443℃　発見年 1803年　主な存在場所 モナズ石、バストネス石

59

Pr プラセオジム

陶器にかける黄色の釉薬はこの元素

プラセオジムは常温では銀白色の金属ですが、空気に触れると表面が酸化し黄色になります。

陶磁器を着色する釉薬（ゆうやく）（プラセオジムイエロー）として昔から用いられてきました。かたくサビにくい永久磁石（プラセオジム磁石）の原料にもなります。

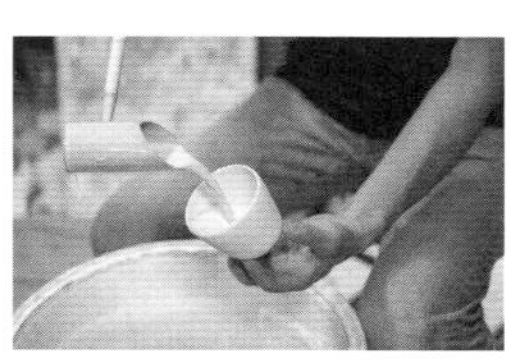
陶器の釉薬に使われるプラセオジム

DATA

原子番号 59　元素記号 Pr　原子量 140.9　周期 第6周期　族 第3族・希土類（レアアース）・ランタノイド
常温・常圧での状態 固体　融点 935℃　沸点 3520℃　発見年 1885年　主な存在場所 モナズ石、バストネス石

60

Nd ネオジム

日本で生まれた世界最強！の永久磁石

常温で最も磁力の強い永久磁石として知られるネオジム磁石は、ネオジムと鉄、ホウ素の合金です。１９８４年に日本で発明されました。高温になると磁力が落ちてしまう弱点がありましたが、結晶構造をかえるなどの工夫によって大幅に改善しました。

高性能スピーカーやハードディスクドライブのヘッド部、ハイブリッドカーのモーターなどにも利用されるようになっています。

いろいろな磁石の強さ比較

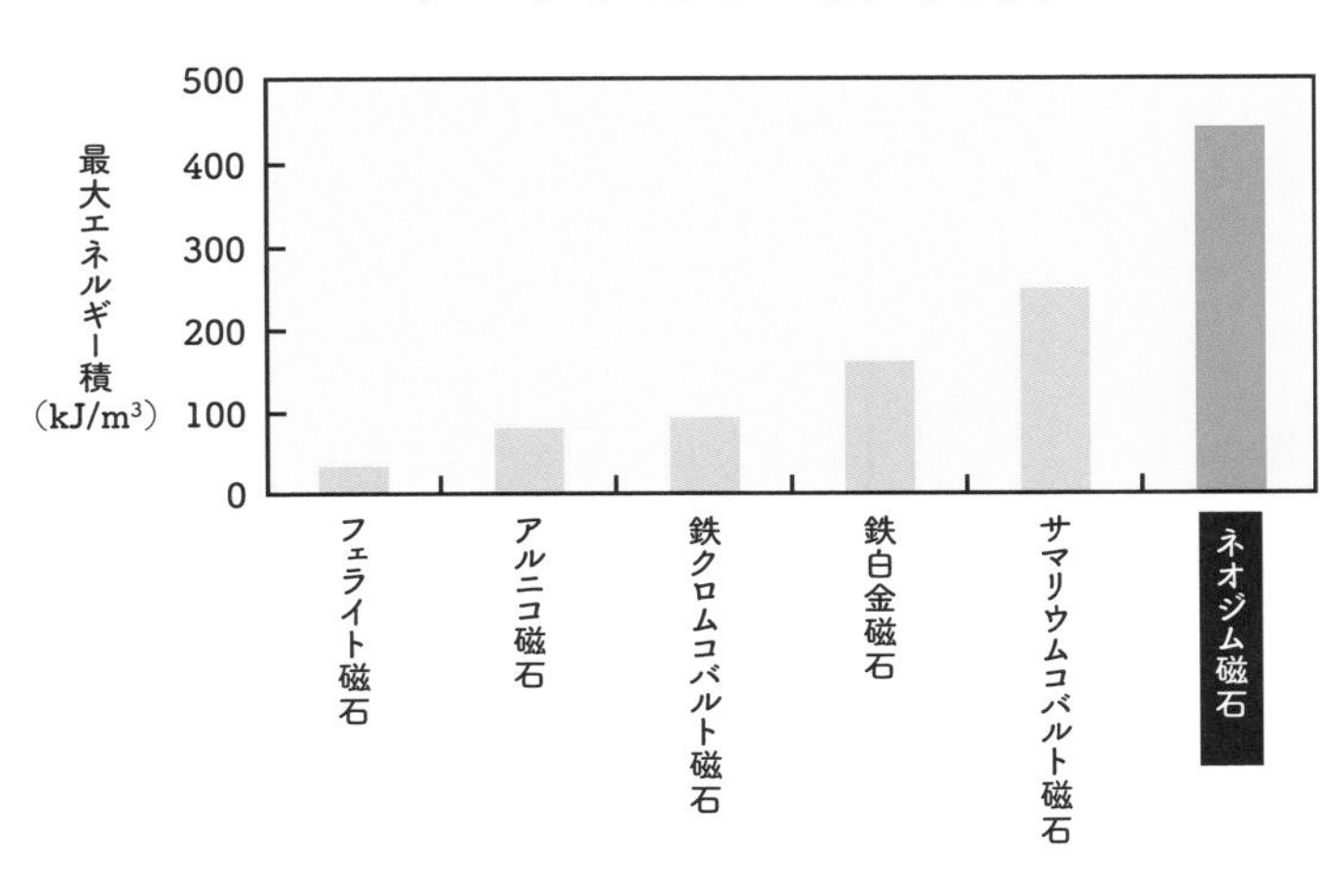

DATA

原子番号 60　元素記号 Nd　原子量 144.2　周期 第６周期　族 第３族・希土類（レアアース）・ランタノイド
常温・常圧での状態 固体　融点 1024℃　沸点 3074℃　発見年 1885年　主な存在場所 モナズ石、バストネス石

61 Pm プロメチウム

原子力発電所の炉で発見された放射性元素

プロメチウムは天然にはごく微量しか存在しない元素で、最初に発見されたのは研究用の原子炉のなかからでした。放射性があるため、ほとんど実用例はありませんが、かつては蓄光塗料や蛍光灯のグロー放電管、原子力電池などに使われたことがありました。

プロメチウムが最初に発見されたアメリカのオークリッジ国立研究所

DATA

原子番号 61 元素記号 Pm 原子量 (145) 周期 第6周期 族 第3族・希土類(レアアース)・ランタノイド
常温・常圧での状態 固体 融点 1042℃ 沸点 3000℃ 発見年 1947年 主な存在場所 人工元素(天然ではウラン鉱石にごく微量存在)

62 Sm サマリウム

少し前までは最強磁石の座に君臨!

コバルトとの合金でつくるサマリウムコバルト磁石は、ネオジム磁石が発明されるまでは、最強の磁力を持つ永久磁石でした。1位の座は譲っても、サビにくく、高温でも磁力が落ちにくいという強みを活かし、小型モーターや風力発電機などに使われています。

風力発電機の磁石にサマリウムコバルト磁石が使われることがある

DATA

原子番号 62 元素記号 Sm 原子量 150.4 周期 第6周期 族 第3族・希土類(レアアース)・ランタノイド
常温・常圧での状態 固体 融点 1072℃ 沸点 1794℃ 発見年 1879年 主な存在場所 モナズ石、バストネス石

63

Eu ユウロピウム

食べ物を美味しく見せる蛍光灯で活躍

ユウロピウムはブラウン管型カラーテレビの赤色蛍光体に長い間使われてきた元素です。最近では自然な白色光をつくる三波長型蛍光灯にも使われています。ユーロ紙幣にブラックライト（紫外線）をあてたとき、赤く光る部分にはユウロピウムの化合物がインクに使われています。

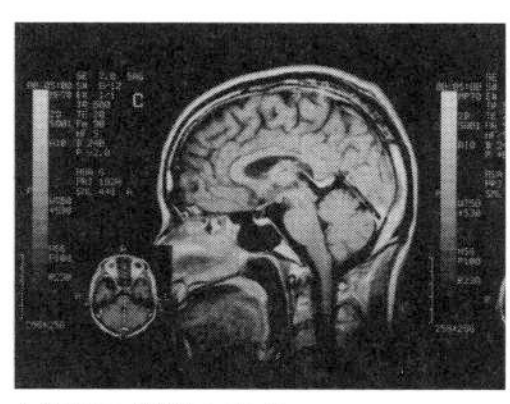
新しいユーロ紙幣は、犯罪防止などのため、ブラックライトをあてると光るようになっている

DATA

原子番号 63 元素記号 Eu 原子量 152.0 周期 第６周期 族 第３族・希土類（レアアース）・ランタノイド
常温・常圧での状態 固体 融点 826℃ 沸点 1529℃ 発見年 1896年 主な存在場所 モナズ石、バストネス石

64

Gd ガドリニウム

画像を鮮明にする造影剤に入れるとＭＲＩがくっきり映る

ガドリニウムは銀白色の金属で、常温で磁力を持つのが特徴で、ＭＯなどの光磁気ディクスの記録層に用いられています。また、医療用ＭＲＩ（磁気共鳴画像法）の画像の濃淡を鮮明にする造影剤や、中性子を吸収する性質から原子炉の制御材料に利用されます。

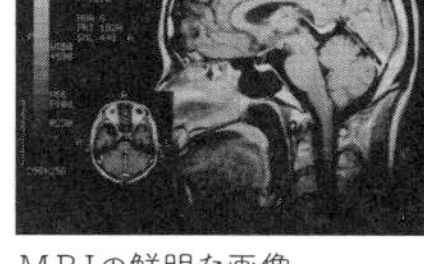
ＭＲＩの鮮明な画像

DATA

原子番号 64 元素記号 Gd 原子量 157.3 周期 第６周期 族 第３族・希土類（レアアース）・ランタノイド
常温・常圧での状態 固体 融点 1312℃ 沸点 3273℃ 発見年 1880年 主な存在場所 モナズ石、バストネス石

65 Tb テルビウム

プリンターの印字ヘッドになる元素

テルビウムはブラウン管型カラーテレビの緑色蛍光体に使われていた元素です。磁力を持つ性質があり、鉄、ジスプロシウムとの合金は磁力をかけると伸び縮みします。

この働きを利用したものが、インクジェットプリンターなどに使われている印字ヘッドです。

テルビウム合金が使われているインクジェットプリンターの印字ヘッド

DATA

原子番号	元素記号	原子量	周期	族
65	Tb	158.9	第6周期	第3族・希土類(レアアース)・ランタノイド

常温・常圧での状態	融点	沸点	発見年	主な存在場所
固体	1356℃	3123℃	1843年	モナズ石、バストネス石

66 Dy ジスプロシウム

停電時に光る非常口の蓄光塗料はこの元素

ジスプロシウムには光のエネルギーを取り込んで発光する性質があり、放射性物質を含まない安全な蓄光塗料として、時計や誘導灯など幅広いところで使われています。またネオジム磁石に加えると、弱点である耐熱性を向上させる効果もあります。

時計の蓄光塗料にジスプロシウムが使われることがある

DATA

原子番号	元素記号	原子量	周期	族
66	Dy	162.5	第6周期	第3族・希土類(レアアース)・ランタノイド

常温・常圧での状態	融点	沸点	発見年	主な存在場所
固体	1407℃	2567℃	1886年	モナズ石、バストネス石

67

Ho ホルミウム

医療用レーザーメスに欠かせない

ホルミウムは希少で高価なレアメタル。YAGレーザー（58ページ参照）にホルミウムを加えたホルミウムYAGレーザーは、発生する熱が小さく、出す光が水に吸収されやすいことから、正常な組織を壊すことなく結石を破壊したり、前立腺切除ができ、医療用レーザーメスには欠かせない存在です。

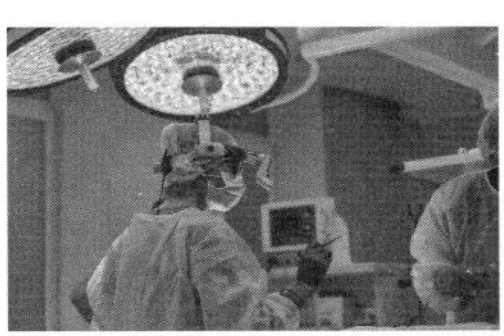
内視鏡治療のようす

DATA

原子番号 67 元素記号 Ho 原子量 164.9 周期 第6周期 族 第3族・希土類（レアアース）・ランタノイド
常温・常圧での状態 固体 融点 1461℃ 沸点 2700℃ 発見年 1879年 主な存在場所 モナズ石、バストネス石

68

Er エルビウム

インターネット高速通信の隠れた功労者

インターネットの高速通信に使われる光ファイバー（石英ガラス）は距離が長くなると信号が減衰しますが、エルビウムを添加すると光を増幅できます。またエルビウムYAGレーザーの光は水分に吸収されやすいので、歯科治療や美容医療などに使用されます。

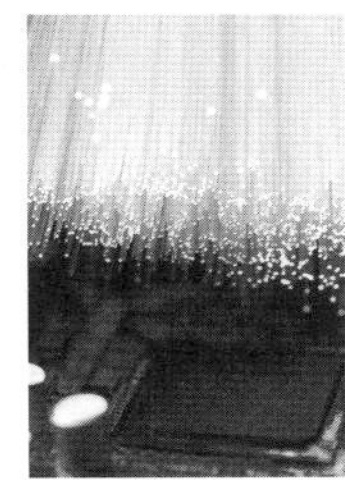
光ファイバーは利用範囲が広い

DATA

原子番号 68 元素記号 Er 原子量 167.3 周期 第6周期 族 第3族・希土類（レアアース）・ランタノイド
常温・常圧での状態 固体 融点 1529℃ 沸点 2868℃ 発見年 1843年 主な存在場所 モナズ石、バストネス石

69

Tm ツリウム

エルビウムと同じ分野で主に活躍

ツリウムはエルビウムと似た性質を持つレアアースです。用途も近く、光ファイバーの信号を増幅する元素として用いられますが、増幅できる波長は異なります。YAGレーザー（58ページ参照）に添加されることも。非常に希少で高価ではあるものの、今後用途は広がる可能性もあります。

DATA

原子番号 69　元素記号 Tm　原子量 168.9　周期 第6周期　族 第3族・希土類（レアアース）・ランタノイド
常温・常圧での状態 固体　融点 1545℃　沸点 1950℃　発見年 1879年　主な存在場所 モナズ石、バストネス石

70

Yb イッテルビウム

セシウム原子時計を超える可能性がある

イッテルビウムの名は鉱石の発見地スウェーデンのイッテルビー村が由来。同じ鉱石（ガドリン石）からセリウム、ランタン、ネオジムなども見つかりました。ガラスの黄緑色着色剤、YAGレーザーへの添加のほか、セシウム原子時計より正確な光格子時計の研究も進んでいます。

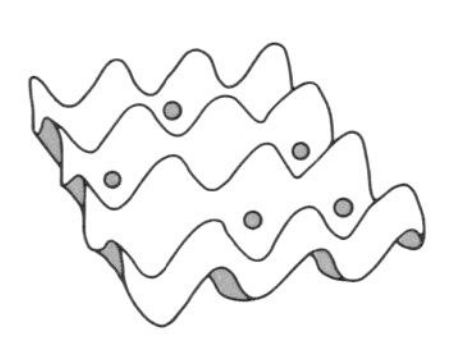

DATA

原子番号 70　元素記号 Yb　原子量 173.0　周期 第6周期　族 第3族・希土類（レアアース）・ランタノイド
常温・常圧での状態 固体　融点 824℃　沸点 1196℃　発見年 1878年　主な存在場所 モナズ石、バストネス石

71

Lu ルテチウム

とりわけ高価なレアアース!

ルテチウムは存在量が非常に少なく、取り出すのも難しいので、レアアースのなかでもとりわけ高価です。工業での利用はほとんどなく、医療の現場でのＰＥＴ（陽電子放出ポジトロン断層撮影）にケイ酸ルテチウム（Lu_2SiO_5）が使われているほか、がんの放射線治療への利用が研究されています。

放射性同位体であるルテチウム１７６は、岩石や隕石の年代測定に使われます。

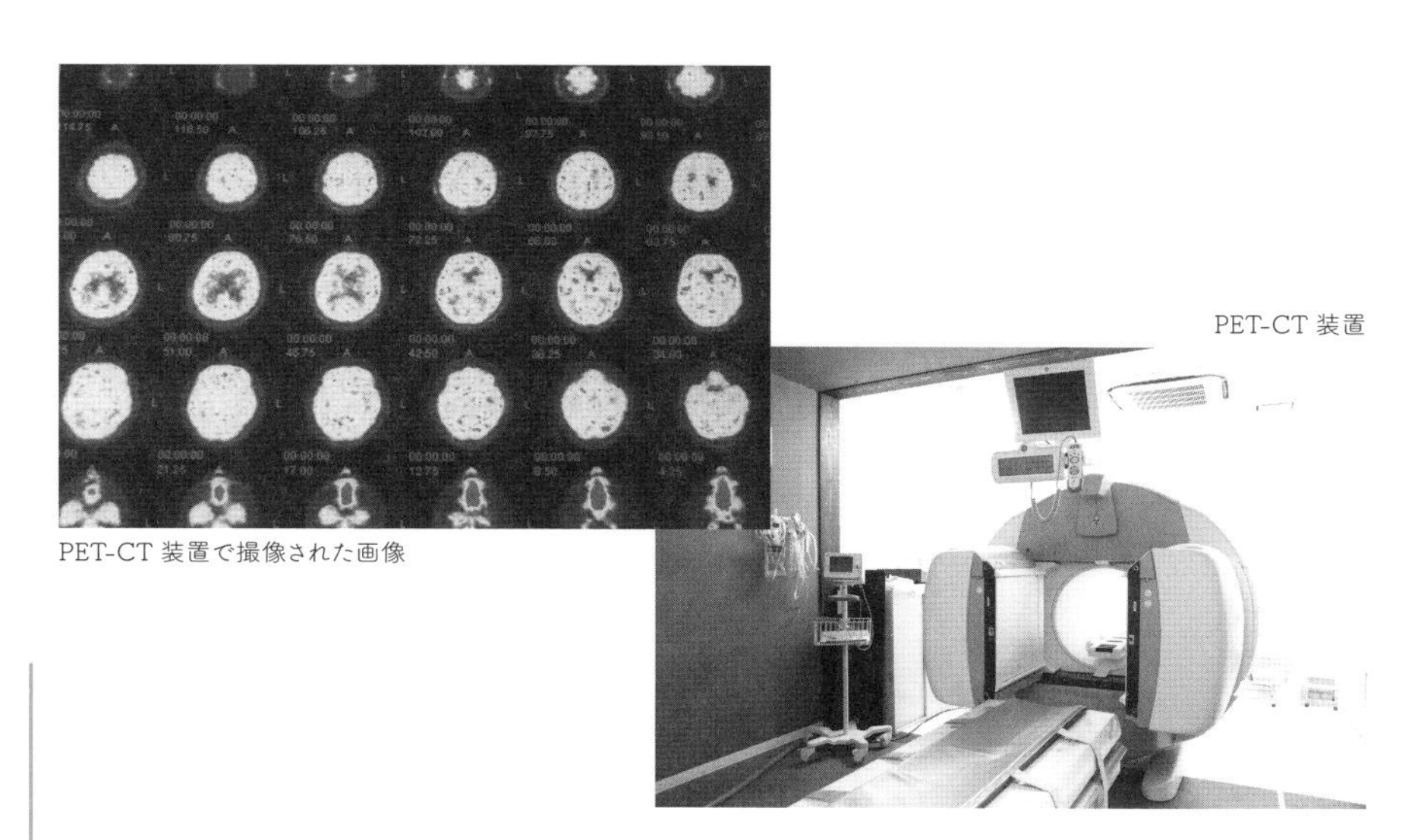

PET-CT 装置で撮像された画像

PET-CT 装置

DATA

原子番号 71　元素記号 Lu　原子量 175.0　周期 第６周期　族 第３族・希土類(レアアース)・ランタノイド
常温・常圧での状態 固体　融点 1652℃　沸点 3402℃　発見年 1907年　主な存在場所 モナズ石、バストネス石

72

Hf ハフニウム

原子炉内の核分裂を止める強力な制御棒

ハフニウムは人類が自然界から見つけた最後から2番めの元素。腐食に強く、中性子を吸収する働きがあるので、原子炉内の核分裂を抑える制御棒の素材として使われています。日本では、岐阜県で産出する苗木石という鉱石に含まれています。

原子力発電所の原子炉制御棒

DATA

原子番号 72　元素記号 Hf　原子量 178.5　周期 第6周期　族 第4族・チタン族　常温・常圧での状態 固体
融点 2233℃　沸点 4603℃　発見年 1923年　主な存在場所 ジルコン　バデレアイト（バッデレイ石）

73

Ta タンタル

骨や関節、歯根にもなる身体に優しい金属

タンタルはかたさと展延性を兼ね備えているため加工が容易な元素です。しかも腐食に強く、電気を通しやすいので、スマホなどに使われる小型の電解コンデンサーには欠かせない材料になっています。人体に無害なのも特徴で、人工骨や歯のインプラント治療にも使われます。

DATA

原子番号 73　元素記号 Ta　原子量 180.9　周期 第6周期　族 第5族・バナジウム族　常温・常圧での状態 固体
融点 3017℃　沸点 5458℃　発見年 1802年　主な存在場所 コルタン（タンタル石、コルンブ石）、サマルスキー石（サマルスカイト）

74

W タングステン

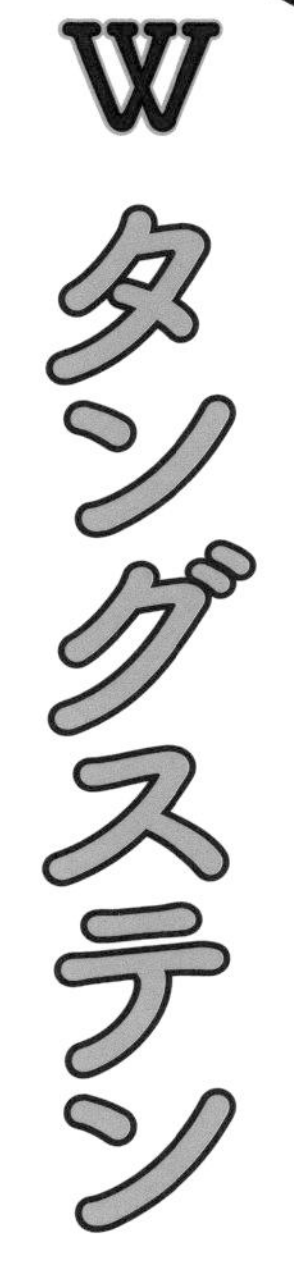

日本が国家として備蓄する7種のレアメタルの1つ

タングステンは全金属元素中最も融点の高い元素です。電気抵抗が大きく、加工しやすいという特徴から、電球のフィラメント材料として長く利用されてきました。

炭素との化合物タングステンカーバイド（ＷＣ）は非常にかたいことから切削工具に、ＷＣとコバルトの合金も超硬合金としてドリルやボールペンの先に使われています。タングステンの８割は中国産で、日本は国家備蓄するレアメタル7鉱種の1つに指定しています。

モース硬度と基準となる鉱物

モース硬度	基準となる鉱物	説明
1	滑石	最もやわらかい鉱物。爪で傷をつけられる
2	石こう	爪でなんとか傷をつけられる
3	方解石	金属でこすれば傷をつけられる
4	蛍石	ナイフの刃で傷をつけられる
5	燐灰石	ナイフでなんとか傷をつけられる
6	正長石	ナイフで傷をつけようとすると刃が傷む
7	石英	ガラスや鋼鉄などに傷をつけられる
8	トパーズ	石英に傷をつけられる
9	コランダム	石英、トパーズに傷をつけられる
10	ダイヤモンド	地球上の鉱物のなかで最もかたい

タングステンカーバイドはモース硬度9

＊モース硬度は鉱物などのかたさの尺度

DATA

原子番号 74　元素記号 W　原子量 183.8　周期 第６周期　族 第６族・クロム族　常温・常圧での状態 固体

融点 3422℃　沸点 5555℃　発見年 1781年　主な存在場所 鉄マンガン重石、灰重石

75

Re レニウム

リアル超合金スーパーアロイに欠かせない

レニウムは単体よりも合金や触媒として使われることの多い元素です。ニッケルとの合金は超合金（スーパーアロイ）となり、高い耐熱性からロケットエンジンにも用いられています。かつて小川正孝博士がニッポニウムとして発表（118ページ参照）したのは、このレニウムでした。

DATA

原子番号 75 元素記号 Re 原子量 186.2 周期 第６周期 族 第７族・マンガン族 常温・常圧での状態 固体
融点 3186℃ 沸点 5596℃ 発見年 1925年 主な存在場所 輝水鉛鉱、硫化銅鉱

76

Os オスミウム

すべての元素で1番密度が高い元素

オスミウムは全元素で最も密度が高く、硬くて重い金属元素。ほのかに青白く輝きますが、自然界で見つかるのはほとんどがイリジウムとの合金です。この合金は酸にもアルカリにも強いので、万年筆のペン先や電気スイッチの接点に使われます。

万年筆のペン先にはイリジウムとオスミウムの合金が使われている

DATA

原子番号 76 元素記号 Os 原子量 190.2 周期 第６周期 族 第８族・白金族 常温・常圧での状態 固体
融点 3033℃ 沸点 5012℃ 発見年 1803年 主な存在場所 白金鉱

77 Ir イリジウム

恐竜を絶滅させたかもしれない隕石に含まれていた元素

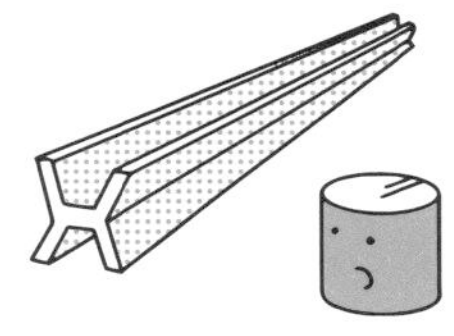

オスミウムと同じ鉱物から発見された金属で、全元素中2番めに密度が高い元素です。非常に腐食に強く、白金とイリジウムの合金は国際的な長さ、重さの基準となるメートル原器、キログラム原器に使われていました(現在は定義が変わり原器の役目は終了している)。イリジウムは隕石に多く含まれており、恐竜が絶滅した時代の地層でも極端に多く見つかることから、中生代後期の隕石落下説の根拠の1つにもなっています。

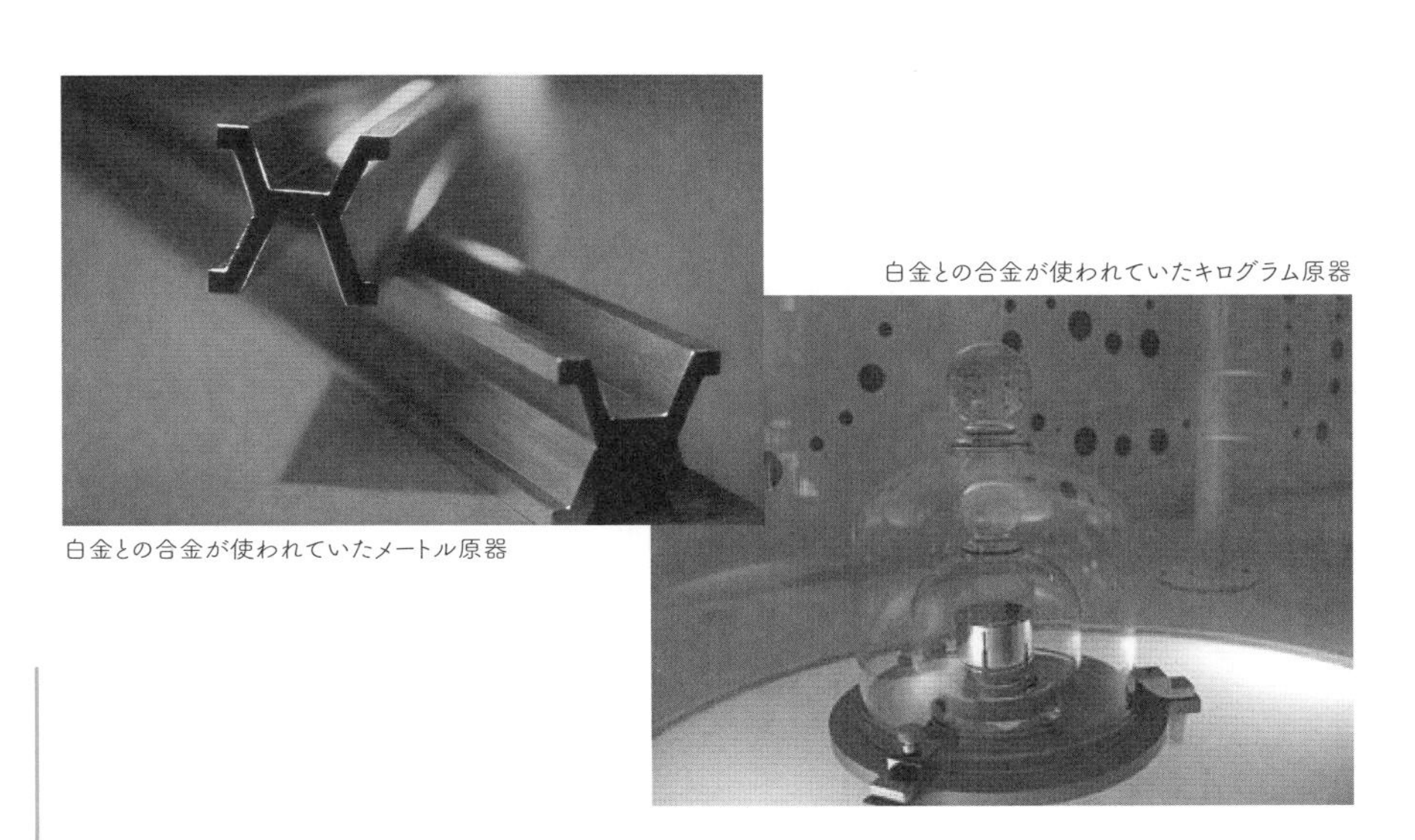

白金との合金が使われていたキログラム原器

白金との合金が使われていたメートル原器

DATA

原子番号	元素記号	原子量	周期	族	常温・常圧での状態
77	Ir	192.2	第6周期	第9族・白金族	固体

融点	沸点	発見年	主な存在場所
2446℃	4428℃	1803年	イリドスミン、白金鉱

78 Pt 白金

多様なジャンルで活躍する「使える」元素

白金、プラチナといえば宝飾用の貴金属というイメージですが、それより多いのは化学反応を速める触媒としての利用です。腐食しにくく、酸化反応、還元反応いずれにも効果を発揮し、酸素や水素を大量に取り込むことができる白金は、自動車の排気ガス浄化（三元触媒。62ページ参照）や石油の精製、燃料電池など、工業分野には欠かせない触媒になっています。意外なところでは、抗がん剤（シスプラチン）の材料にもなります。

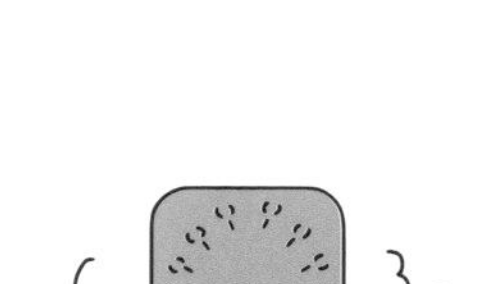

白金を触媒に使ったカイロが発熱する仕組み

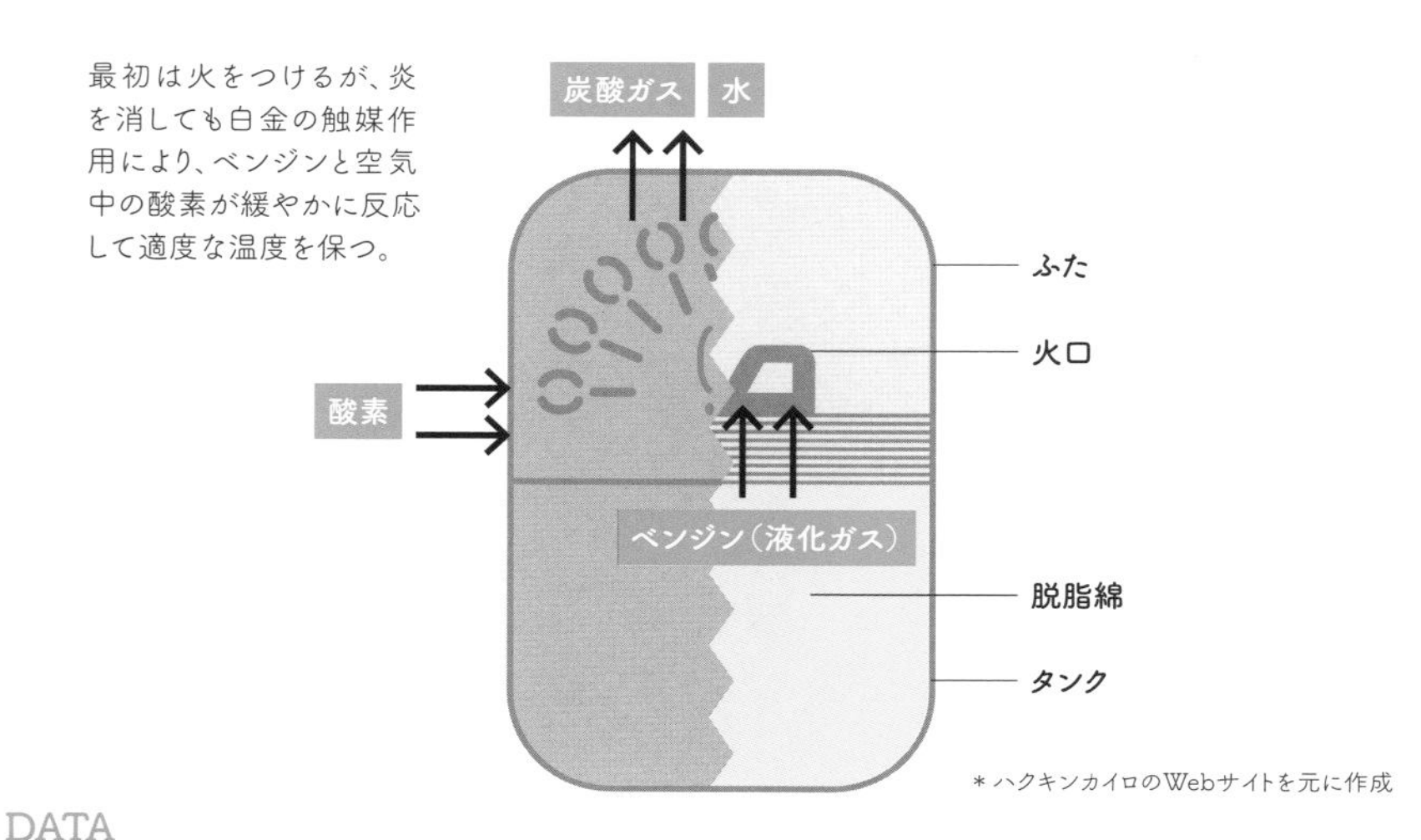

＊ハクキンカイロのWebサイトを元に作成

DATA

原子番号 78　元素記号 Pt　原子量 195.1　周期 第6周期　族 第10族・白金族　常温・常圧での状態 固体
融点 1768.3℃　沸点 3825℃　発見年 不明（古代）　主な存在場所 砂白金、クーパー鉱、スペリー鉱

79

Au

金

化学はこの元素をつくる夢から始まった

金という元素は、希少で、黄金色の輝きを失わないことから、古代より貨幣や宝飾品に使われてきました。「化学」という学問が発展したのも、この元素を自分たちの手でつくろうとする〝錬金術〟がきっかけです。その魅力は21世紀のいまも変わりませんが、腐食しにくく、電気や熱を伝えやすいといった性質から、最新の精密電子機器に欠かせない材料にもなっています。光をよく反射する性質から、人工衛星の保護材としても活躍。

金の合金純度（カラット＝K）と金の含有率一覧

「カラット」は合金の重量を24としたとき、そこに含まれる金の重量の割合を表す指数です。

純度（カラット）	金の含有率
24金（24K）	99.99％～100％
22金（22K）	91.7％
20金（20K）	83.3％
18金（18K）	75.0％
16金（16K）	66.7％
14金（14K）	58.3％
12金（12K）	50.0％
10金（10K）	41.7％

DATA

原子番号 79 元素記号 Au 原子量 197.0 周期 第6周期 族 第11族・銅族 常温・常圧での状態 固体
融点 1064.18℃ 沸点 2856℃ 発見年 不明（古代） 主な存在場所 自然金、テルル化鉱物

80 Hg 水銀

金属なのに〝常温で液体になる〟元素！

水銀は常温で液体になるという性質を持つ唯一の金属元素です。古代から利用されており、奈良の大仏にも水銀鉱物である辰砂(しんしゃ)が使われています。しかし強い毒性が知られるようになり、体温計や気圧計、蛍光灯、水銀灯といった身近な場所ではほとんど使われなくなりました。

DATA

原子番号 80 元素記号 Hg 原子量 200.6 周期 第6周期 族 第12族・亜鉛族 常温・常圧での状態 液体
融点 −38.829℃ 沸点 356.73℃ 発見年 不明（古代） 主な存在場所 自然水銀、辰砂(しんしゃ)

81 Tl タリウム

推理小説でおなじみの毒。使い道をかえれば命を救うものに

タリウムは無味無臭の毒としてミステリーなどでおなじみの元素です。用途も化合物（硫酸タリウム（Ⅰ））が殺鼠剤などが主でしたが、いまでは禁止に。その一方で放射性同位体タリウム201はがんの腫瘍や心臓の病気の検査の造影剤として利用されています。

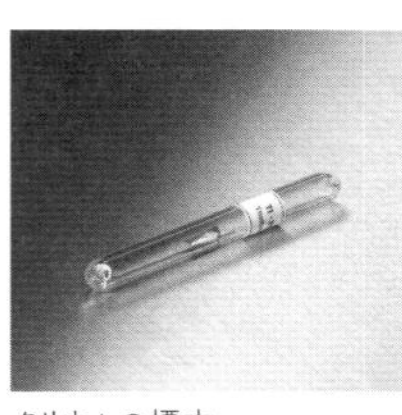

タリウムの標本

DATA

原子番号 81 元素記号 Tl 原子量 204.4 周期 第6周期 族 第13族・ホウ素族 常温・常圧での状態 固体 融点 304℃
沸点 1473℃ 発見年 1861年 主な存在場所 クルックス鉱、ローランド鉱

82

Pb 鉛

古代から身近な金属だったが、現代は無鉛化が進行中

鉛は古代から化粧品や顔料、医薬品に利用されてきた身近な金属元素です。

かつては水道管にも使われていましたが、健康被害の可能性がわかり、こうした用途の使用は禁止に。いまはガラスの透明度の向上（クリスタルガラス）や放射線遮蔽などに利用されています。

DATA

原子番号 82 元素記号 Pb 原子量 207.2 周期 第6周期 族 第14族・炭素族 常温・常圧での状態 固体 融点 327.46℃ 沸点 1749℃ 発見年 不明（古代） 主な存在場所 方鉛鉱、白鉛鉱

83

Bi ビスマス

鉛のかわりとなる元素活躍の場を拡大中

ビスマスは銀白色の金属元素で、鉛と似た性質を持ちながら人体への危険性は低いのが最大の特徴です。柔らかいので加工も容易。ボンベの安全弁や消火用スプリンクラーの口金、胃腸薬にも用途を広げています。鉛フリーのはんだも登場し、ビスマスが使われます。

美しいビスマスの結晶

DATA

原子番号 83 元素記号 Bi 原子量 209.0 周期 第6周期 族 第15族・窒素族 常温・常圧での状態 固体 融点 271.5℃ 沸点 1564℃ 発見年 不明（古代） 主な存在場所 輝蒼鉛鉱、ビスマイト

84

Po ポロニウム

暗殺にも使われた、天然に存在する放射性元素

キュリー夫妻が発見した最初の元素で、夫人の出身地ポーランドにちなんでこの名がつけられました。

非常に強い放射能を持つことから人工衛星の原子力電池に使われたこともありますが、近年はあまり利用されません。要人暗殺に使われたともいわれています。

DATA

原子番号 84 元素記号 Po 原子量 (210) 周期 第6周期 族 第16族・酸素族 常温・常圧での状態 固体 融点 254℃ 沸点 962℃ 発見年 1898年 主な存在場所 ウラン鉱石

85

At アスタチン

がん細胞を狙い撃ちする治療が研究されている

地球上に約25gしかないともされている元素で、実際には、加速器で人工的につくられます。

強い放射能を持ち、半減期も8時間ほどと短いため、利用方法はまだ研究中。がん細胞を死滅させるほど強いα線を発する性質があります。

将来、研究が進み、がん治療への応用が期待されています。

DATA

原子番号 85 元素記号 At 原子量 (210) 周期 第6周期 族 第17族・ハロゲン 常温・常圧での状態 固体 融点 不明 沸点 不明 発見年 1940年 主な存在場所 人工元素(加速器)

86

Rn ラドン

ラジウムが放射線を出して姿をかえた元素

ラドンは無色の貴ガスで、放射性元素です。ラジウムがα線を発しながら崩壊するときに生まれ、大気や土中にもごく微量含まれています。

ラドンを多く含む温泉は古くから健康効果があるといわれていますが、科学的にはまだ証明されていません。

ラドン温泉
(秋田県仙北市の玉川温泉)

DATA

原子番号 86 元素記号 Rn 原子量 (222) 周期 第6周期 族 第18族・貴ガス 常温・常圧での状態 気体 融点 −71℃ 沸点 −61.7℃ 発見年 1900年 主な存在場所 地下水、温泉水、ラジウムの崩壊により生じる

87

Fr フランシウム

自然界最後の元素だが20分強しか存在できない

フランシウムは自然界で発見された最後の元素です。

アクチニウムがα線を出しながら崩壊するときに生じます。

フランシウムもまた、強い放射線(β線)を発しながら、約22分の半減期でラジウムになります。

さらにラドンに変化してしまうため、詳しい性質はよくわかっていません。

DATA

原子番号 87 元素記号 Fr 原子量 (223) 周期 第7周期 族 第1族・アルカリ金属 常温・常圧での状態 固体 融点 不明 沸点 不明 発見年 1939年 主な存在場所 ウラン鉱石

88

Ra ラジウム

キュリー夫人の名を高め、命を奪った元素でもある

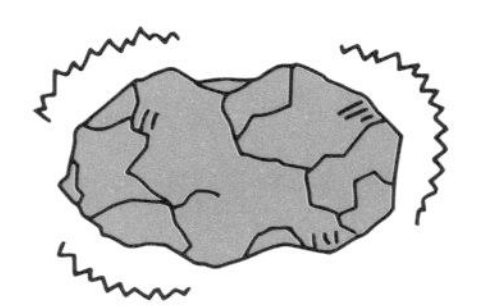

ラジウムはキュリー夫妻がポロニウムと同じウラン鉱石から発見した放射性元素です。かつては畜光塗料の材料やがん治療に使われていた時期がありましたが、あまりにも強い放射線を出すことや、ほかに使いやすい放射線源が開発されたことなどから、次第に使われなくなりました。キュリー夫人はこの元素に名前をつけ、放射能（radioactivity）という言葉もつくりましたが、長年の被爆により白血病で亡くなったと考えられています。

放射線の種類とその透過力

ラジウムが崩壊するときに放つのはアルファ（α）線だけですが、放射線にはベータ（β）線やガンマ（γ）線などもあります。

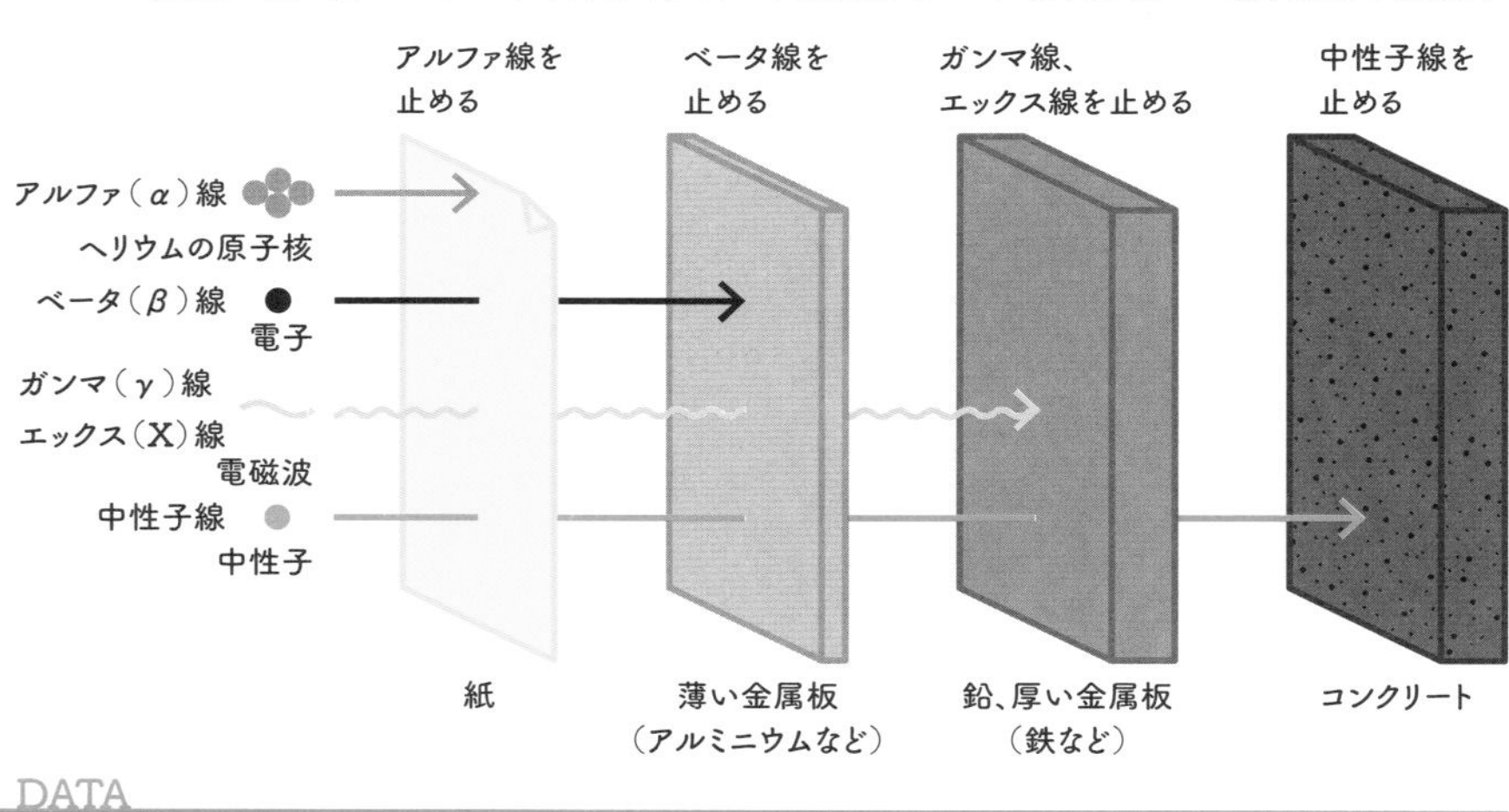

DATA

原子番号 88　元素記号 Ra　原子量（226）　周期 第7周期　族 第2族・アルカリ土類金属　常温・常圧での状態 固体
融点 700℃　沸点 1737℃　発見年 1898年　主な存在場所 ウラン鉱石

89

Ac アクチニウム

暗闇で怪しく、青白く光る放射性元素

アクチニウムは銀白色で柔らかい放射性元素で、暗い場所では青白い光（チェレンコフ光）を出しているのが見えます。ウラン鉱石のなかにごく微量に含まれますが、詳しい性質がわかったのは原子炉内で見つかってからでした。がん治療への応用が研究されています。

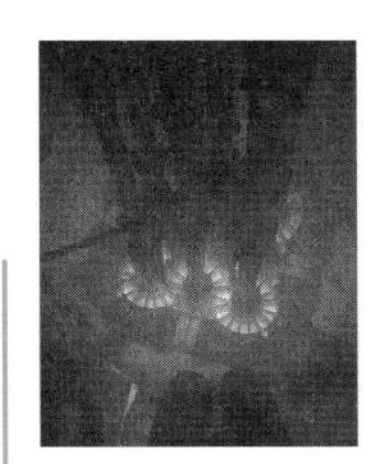

原子炉内。チェレンコフ光は強い放射線が出ているときに見られる

DATA

原子番号 89　元素記号 Ac　原子量 （227）　周期 第7周期　族 第3族・アクチノイド　常温・常圧での状態 固体
融点 不明　沸点 不明　発見年 1899年　主な存在場所 ウラン鉱石、原子炉

90

Th トリウム

インドで原子力発電の燃料に採用された放射性元素

トリウムは放射性がある銀白色の金属元素です。地中に豊富に存在（ウランの約5倍）し、インドでは原子力発電の燃料にされています。トリウムが添加されたトリエーテッドタングステンを使ったフィラメントは熱電子を多く出すので、高性能真空管や実験用の電子銃に使われています。

高性能な真空管アンプ

DATA

原子番号 90　元素記号 Th　原子量 232.0　周期 第7周期　族 第3族・アクチノイド　常温・常圧での状態 固体
融点 1750℃　沸点 4788℃　発見年 1828年　主な存在場所 モナズ石、トール石

91

Pa

プロトアクチニウム

放射線を出しながら崩壊しアクチニウムに変化

プロトアクチニウムのプロトは「元の」という意味です。

崩壊してアクチニウムになることからこの名前がつきました。

非常に強い放射線を発するため、用途は限られています。

その1つが放射性同位体であるプロトアクチニウム231を使った海底沈殿層の年代測定です。

DATA

原子番号 91 元素記号 Pa 原子量 231.0 周期 第7周期 族 第3族・アクチノイド 常温・常圧での状態 固体
融点 不明 沸点 不明 発見年 1918年 主な存在場所 ウラン鉱石、トリウムの崩壊により生じる

92

U

ウラン

放射能が発見されるきっかけになった元素

ウランは、人類が放射能を発見するきっかけになった元素です。1896年、フランスの物理学者ベクレルはウラン鉱石が目に見えない「光線」を出すことを発見しました。これに着目したキュリー夫妻はラジウムを発見し、「放射能」という言葉を生み出しました。

ウランに中性子をあてると核分裂するので、世界初の原子炉や広島に落とされた原子爆弾に使われました。

DATA

原子番号 92 元素記号 U 原子量 238.0 周期 第7周期 族 第3族・アクチノイド 常温・常圧での状態 固体
融点 1132.2℃ 沸点 4131℃ 発見年 1789年 主な存在場所 閃ウラン鉱、ピッチブレンド、カルノー石

93

Np ネプツニウム

ここから先はすべて人工的につくって発見された超ウラン元素

ネプツニウムは加速器を用いてウランから人工的につくられた元素。自然界にもわずかに存在するものの、ウランよりも原子番号の大きい元素は人工的につくって、はじめて発見されたもので、ネプツニウム以降は超ウラン元素と呼ばれ、すべて放射性元素です。

ネプツニウムの名前の由来となった海王星（neptune）

DATA

原子番号 93 元素記号 Np 原子量（237） 周期 第7周期 族 第3族・アクチノイド 常温・常圧での状態 固体
融点 640℃ 沸点 3900℃ 発見年 1940年 主な存在場所 人工元素、ウラン鉱石中にごく微量存在

94

Pu プルトニウム

ウランから人工的につくられた放射性元素

ウランに重陽子を照射して人工的につくられた元素。原子炉で大量に合成でき、ウランより少量で核分裂連鎖反応を起こせるため、原子力発電や宇宙探査機の原子力電池の燃料として利用されています。長崎に投下された原子爆弾は、この元素を用いたものでした（広島はウラン）。

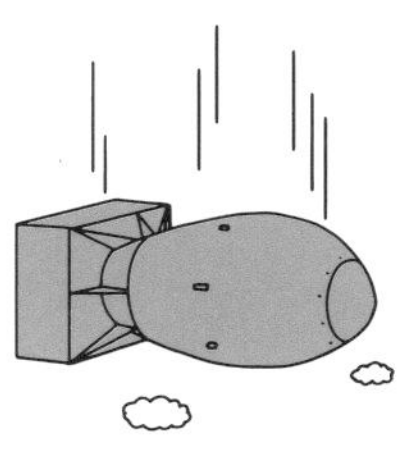

DATA

原子番号 94 元素記号 Pu 原子量（239） 周期 第7周期 族 第3族・アクチノイド 常温・常圧での状態 固体
融点 641℃ 沸点 3232℃ 発見年 1940年 主な存在場所 人工元素、ウラン鉱石中にも含まれる

95

Am アメリシウム

煙感知に使える放射性元素

アメリシウムはプルトニウムに中性子を照射することでつくられる人工元素で、原子炉内で大量に生産できます。プルトニウム241から生まれるアメリシウム241が発するα線を利用し、金属の厚みを計測する機械や煙感知器がつくられています。

アメリシウムが利用されている煙感知器

DATA

原子番号 95 元素記号 Am 原子量 (243) 周期 第7周期 族 第3族・アクチノイド 常温・常圧での状態 固体
融点 1172℃ 沸点 2607℃ 発見年 1944年 主な存在場所 人工元素(原子炉)

96

Cm キュリウム

火星探査車キュリオシティの装置に採用

キュリウムは、プルトニウムから人工的につくられた放射性元素です。放射能研究に貢献したキュリー夫妻にちなむ名称です。

NASAの火星探査プロジェクトで、火星表面の元素を調べる装置(α粒子X線分光計)のα線源として利用されています。

火星探査で使用されるα粒子X線分光計

DATA

原子番号 96 元素記号 Cm 原子量 (247) 周期 第7周期 族 第3族・アクチノイド 常温・常圧での状態 固体
融点 1340℃ 沸点 3100℃ 発見年 1944年 主な存在場所 人工元素

97

Bk バークリウム

名前の由来は発見大学がある市の名前と校名

米国カリフォルニア大学バークレー校の研究チームが、加速器内でアメリシウムにヘリウムイオンを衝突させて生成した放射性元素であり、詳しい性質はまだわかっていません。

元素名は大学のあるバークレー市と校名に由来し、この大学では多くの元素が見つかっています。次のカリホルニウムも同じチームが発見し、州名と校名が名前の由来になっています。

DATA

原子番号 97 元素記号 Bk 原子量（247） 周期 第7周期 族 第3族・アクチノイド 常温・常圧での状態 固体
融点 1047℃ 沸点 —— 発見年 1949年 主な存在場所 人工元素

98

Cf カリホルニウム

非破壊検査に使われる、非常に高価な元素

カリホルニウムはキュリウムにヘリウムイオン（α線）を衝突させることで合成される人工元素です。

非常に高価ですが、強力な中性子線を出すことからコンクリートや鉄骨内部を調べる非破壊検査に利用されます。原子炉を始動させるためにも利用されています。

1g Sale
3,000,000,000

1g＝約30億円

DATA

原子番号 98 元素記号 Cf 原子量（252） 周期 第7周期 族 第3族・アクチノイド 常温・常圧での状態 固体
融点 900℃ 沸点 —— 発見年 1950年 主な存在場所 人工元素

99

Es アインスタイニウム

水爆実験がつくり出し軍事機密となった元素

1952年、世界初の水爆実験後の灰から発見された元素で、しばらく軍事機密にされていました。現在は原子炉でつくられ、主に新しい元素をつくる材料として使われています。元素名は、米国に原爆開発を提案し、その後核廃絶を訴えた物理学者アインシュタインに由来。

DATA

原子番号 99　元素記号 Es　原子量 (252)　周期 第7周期　族 第3族・アクチノイド　常温・常圧での状態 固体
融点 860℃　沸点 ——　発見年 1952年　主な存在場所 人工元素

100

Fm フェルミウム

水爆実験で見つかったもう1つの元素

フェルミウムは水爆実験で見つかったもう1つの元素で、アインスタイニウムと同じく約3年間、その存在自体が軍事機密とされていました。

用途は主に研究用で、元素名は世界で最初の原子炉を完成させたイタリアの物理学者フェルミに由来します。

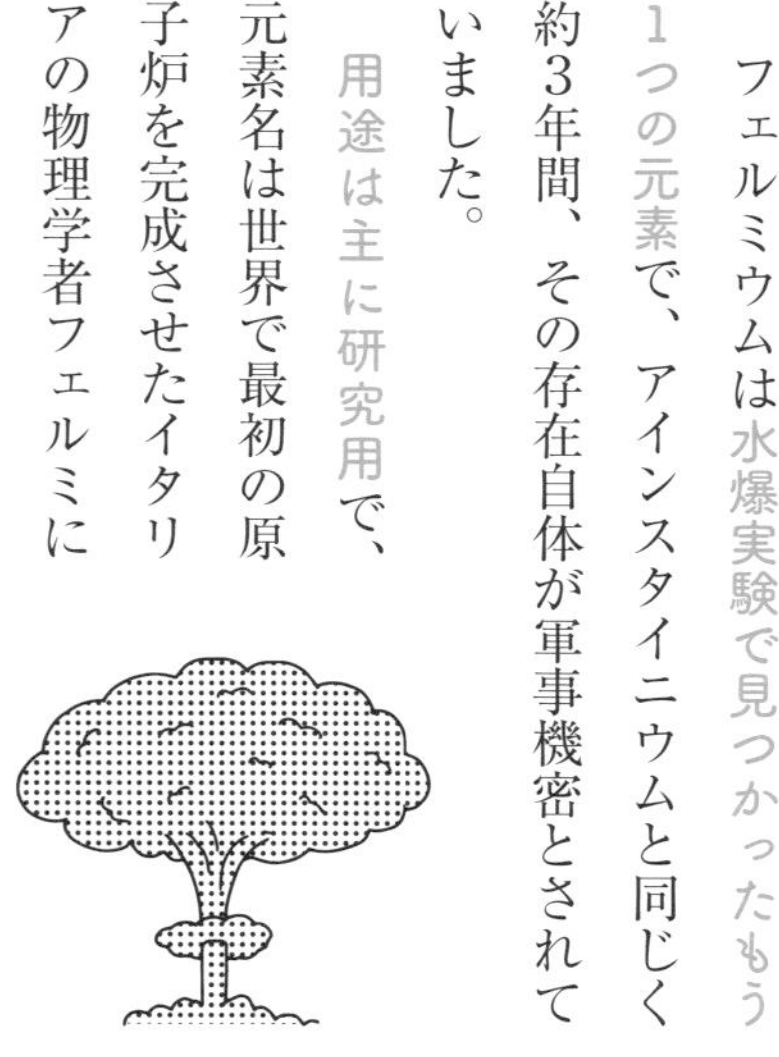

DATA

原子番号 100　元素記号 Fm　原子量 (257)　周期 第7周期　族 第3族・アクチノイド　常温・常圧での状態 固体
融点 1527℃　沸点 ——　発見年 1953年　主な存在場所 人工元素

101

Md メンデレビウム

名前は周期表の考案者メンデレーエフに由来

メンデレビウムより原子量の大きい元素は原子炉ではつくれません。

この元素もサイクロトロンという加速器でアインスタイニウムにヘリウムイオン（α線）を衝突させて合成されます。用途は主に研究用です。しかし現在、基礎的な科学研究以外での用途がないため、少量しか生産されていません。元素名は周期表を考案したメンデレーエフに由来します。

DATA

原子番号 101 元素記号 Md 原子量 (258) 周期 第7周期 族 第3族・アクチノイド
常温・常圧での状態 —— 融点 827℃ 沸点 —— 発見年 1955年 主な存在場所 人工元素

102

No ノーベリウム

スウェーデン生まれの化学者ノーベルにちなむ

ノーベリウムはほぼ同時期にソ連（現ロシア）、スウェーデン、アメリカの研究チームがそれぞれに発見した人工元素です。最終的に発見の栄誉はソ連に与えられ、元素名はスウェーデンによる最初の案（化学者ノーベルの名前）が採用されました。

半減期は1時間未満で主に研究用。

DATA

原子番号 102 元素記号 No 原子量 (259) 周期 第7周期 族 第3族・アクチノイド
常温・常圧での状態 —— 融点 827℃ 沸点 —— 発見年 1966年 主な存在場所 人工元素

103

Lr ローレンシウム

新元素発見に欠かせない加速器の発明者ローレンスに由来

ローレンシウムはアクチノイド（15種類）に分類される最後の元素で、カリホルニウムにホウ素イオンを衝突させることで合成されました。名前の由来である新元素合成に大きな貢献をした加速器（サイクロトロン）を発明したアメリカの物理学者です。

DATA

原子番号 103 元素記号 Lr 原子量（262） 周期 第7周期 族 第3族・アクチノイド
常温・常圧での状態 ―― 融点 1627℃ 沸点 ―― 発見年 1961・1965年 主な存在場所 人工元素

104

Rf ラザホージウム

原子物理学の祖ラザフォードの名のついた元素

ラザホージウムはソ連（現ロシア）とアメリカの研究チームがそれぞれ発見を報告した人工元素です。30年後、ようやく両者の発見が認定され、元素名はアメリカの提案を採用し、「原子物理学の父」と称されるラザフォードからつけられました。

用途は、主に研究用。

DATA

原子番号 104 元素記号 Rf 原子量（267） 周期 第7周期 族 第4族 常温・常圧での状態 ―― 融点 ―― 沸点 ――
発見年 1969・1971年 主な存在場所 人工元素

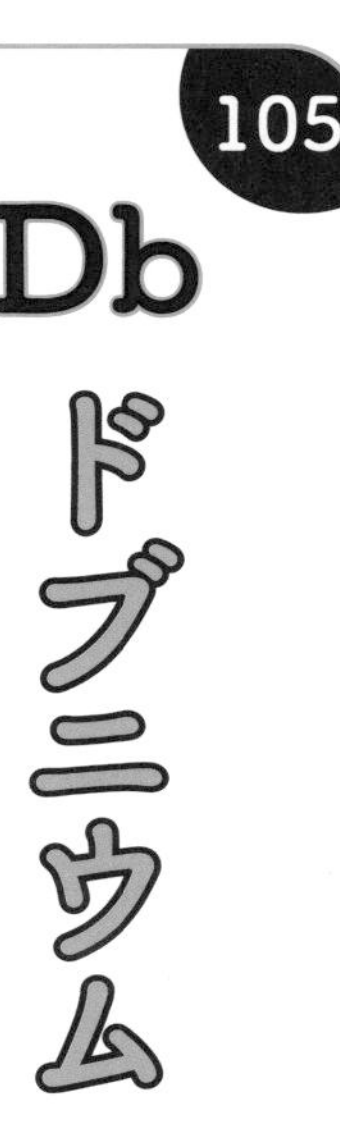

旧ソ連の研究所のある地名にちなむ元素名

ドブニウムもまた、ラザホージウムと同じような経緯で発見された元素です。

ソ連（現ロシア）とアメリカが違う方法（ソ連はアメリシウムにネオンイオン、アメリカはカリホルニウムに窒素イオンを照射）で発見した元素です。

両者の研究が認められ、こちらはソ連の提案を採用して研究所の地名（ドゥブナ）から元素名がつけられました。

DATA

原子番号 105　元素記号 Db　原子量（268）　周期 第７周期　族 第５族　常温・常圧での状態 ――　融点 ――　沸点 ――
発見年 1970・1971年　主な存在場所 人工元素

106

Sg

シーボーギウム

名前は「現代の錬金術師」シーボーグに由来

シーボーギウムはカリホルニウムに酸素を衝突させて合成された人工元素です。元素名の由来となったのは、アクチノイド系列の元素の大半を発見し「現代の錬金術師」と呼ばれた化学者シーボーグ。命名された１９９７年当時、存命中の人物が元素の名前になったのは彼がはじめてでした。

DATA

原子番号 106　元素記号 Sg　原子量（271）　周期 第７周期　族 第６族　常温・常圧での状態 ――　融点 ――　沸点 ――
発見年 1974年　主な存在場所 人工元素

107

Bh ボーリウム

量子力学を確立した物理学者ボーアにちなむ

ボーリウムは旧西ドイツの重イオン研究所のチームがビスマスにクロムを衝突させて合成に成功した人工元素です。

用途は主に研究用。元素名は、量子物理学という新しい学問分野の確立に貢献したデンマークの物理学者ボーアからつけられました。

DATA

原子番号 107 元素記号 Bh 原子量 (272) 周期 第７周期 族 第７族 常温・常圧での状態 —— 融点 —— 沸点 ——
発見年 1981年 主な存在場所 人工元素

108

Hs ハッシウム

ドイツの研究所のある州名から命名

ハッシウムは、ボーリウムを発見したのと同じチームが、鉛に鉄イオンを衝突させることで合成に成功した人工元素です。詳しい性質は不明で、用途も主に研究用。

元素名は研究所のある場所（ヘッセン州、ラテン語でハッシア）に由来します。

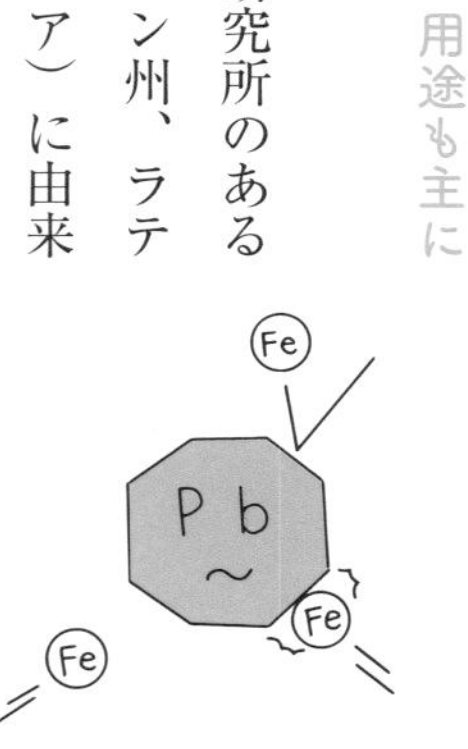

DATA

原子番号 108 元素記号 Hs 原子量 (277) 周期 第７周期 族 第８族 常温・常圧での状態 —— 融点 —— 沸点 ——
発見年 1984年 主な存在場所 人工元素

109

Mt マイトネリウム

迫害を受けたユダヤ人女性物理学者マイトナーにちなむ

マイトネリウムはビスマスに鉄イオンを衝突させることで合成された人工元素で、詳しい性質は不明です。元素名になったマイトナーは、ナチスのユダヤ人迫害を逃れ、スウェーデンに亡命し、核分裂反応を理論的に解析したオーストリアの女性物理学者です。

DATA

原子番号 109 元素記号 Mt 原子量（276） 周期 第７周期 族 第９族 常温・常圧での状態 —— 融点 —— 沸点 ——
発見年 1982年 主な存在場所 人工元素

110

Ds ダームスタチウム

発見したドイツの研究所のある都市名に由来

ダームスタチウムは、鉛に加速したニッケルを衝突させ、つくられた人工元素です。ドイツ、ソ連、アメリカから発見が報告されましたが、ボーリウムなどを見つけたドイツの重イオン研究所の報告が認められ、研究所のある都市（ダルムシュタット）が元素名になりました。

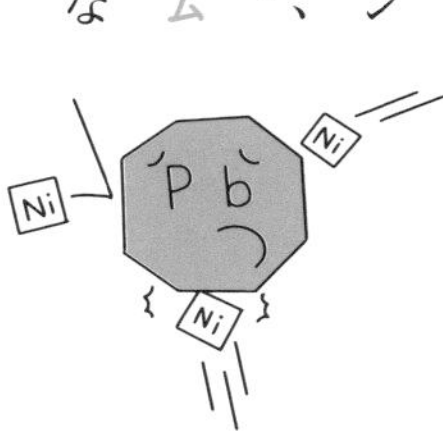

DATA

原子番号 110 元素記号 Ds 原子量（281） 周期 第７周期 族 第10族 常温・常圧での状態 —— 融点 —— 沸点 ——
発見年 1995年 主な存在場所 人工元素

111

Rg レントゲニウム

X線を発見した物理学者レントゲンにちなむ

レントゲニウムはビスマスにニッケルを衝突させてつくられた人工元素です。詳しい性質は不明であり、用途は主に研究用です。

X線の発見で第1回ノーベル物理学賞を受賞したドイツの物理学者であるレントゲンにちなんで元素名がつけられました。

DATA

原子番号 111　元素記号 Rg　原子量 (280)　周期 第7周期　族 第11族　常温・常圧での状態 ——　融点 ——　沸点 ——
発見年 1995年　主な存在場所 人工元素

112

Cn コペルニシウム

地動説を唱えた天文学者コペルニクスに由来

コペルニシウムは、鉛に加速した亜鉛イオンを衝突させて合成される人工元素です。水銀に似た性質を持っていると考えられていますが、詳しくはわかっていません。

元素名は天文学者コペルニクスにちなんでつけられ、彼の誕生日に正式に決定しました。

DATA

原子番号 112　元素記号 Cn　原子量 (285)　周期 第7周期　族 第12族　常温・常圧での状態 ——　融点 ——　沸点 ——
発見年 1996年　主な存在場所 人工元素

113

Nh ニホニウム

日本発！ 欧米以外ではじめて発見された新元素

ニホニウムは2015年に「ニホン」の名前がつくことが正式に決まった新しい元素です。2004年に日本の理化学研究所の森田浩介博士らのチームが、ビスマスの原子核に加速させた亜鉛イオンを衝突させることで1個の合成に成功し、そのあとに2個、計3個の合成に成功しています。欧米以外で新しい元素の発見が認定されたのは、これが史上初。詳しい性質はまだわかっておらず、主な用途は研究用です。

日本で唯一の自然科学の総合研究所である理化学研究所

ニホニウムの合成に成功した加速器

DATA

原子番号 113 元素記号 Nh 原子量（278） 周期 第7周期 族 第13族 常温・常圧での状態 —— 融点 —— 沸点 ——
発見年 2004年 主な存在場所 人工元素

114

Fl フレロビウム

ロシアとアメリカが共同で発見した新元素

フレロビウムはロシアとアメリカの共同研究チームが発見した人工元素。プルトニウムにカルシウムイオンを衝突させることで合成に成功しました。元素名はロシアの物理学者フレロフの名前を冠した研究所（フレロフ核反応研究所）が由来とされています。

DATA

原子番号 114 元素記号 Fl 原子量（289） 周期 第７周期 族 第14族 常温・常圧での状態 ―― 融点 ―― 沸点 ――
発見年 2004年 主な存在場所 人工元素

115

Mc モスコビウム

由来はロシアの研究所の地名

モスコビウムは、ロシアとアメリカの共同研究チームが、フレロビウムに続けて発見した人工元素です。

１１７番元素のテネシンの合成に成功したとき、この元素の生成も、同時に確認されました。

ニホニウム、テネシン、１１８番元素のオガネソンとともに、同じ時期に正式に周期表に記載されるようになりました。

DATA

原子番号 115 元素記号 Mc 原子量（289） 周期 第７周期 族 第15族 常温・常圧での状態 ―― 融点 ―― 沸点 ――
発見年 2010年 主な存在場所 人工元素

116

Lv リバモリウム

アメリカの研究所のある地名にちなんで命名

リバモリウムはフレロビウム、モスコビウムと同じ共同研究チームが発見したもう1つの人工元素。キュリウムにカルシウムイオンを衝突させて合成しました。元素名は、カリフォルニア州のリバモアにある研究所（ローレンス・リバモア国立研究所）の名称と地名に由来します。

DATA

原子番号 116 元素記号 Lv 原子量（293） 周期 第7周期 族 第16族 常温・常圧での状態 ―― 融点 ―― 沸点 ――
発見年 2004年 主な存在場所 人工元素

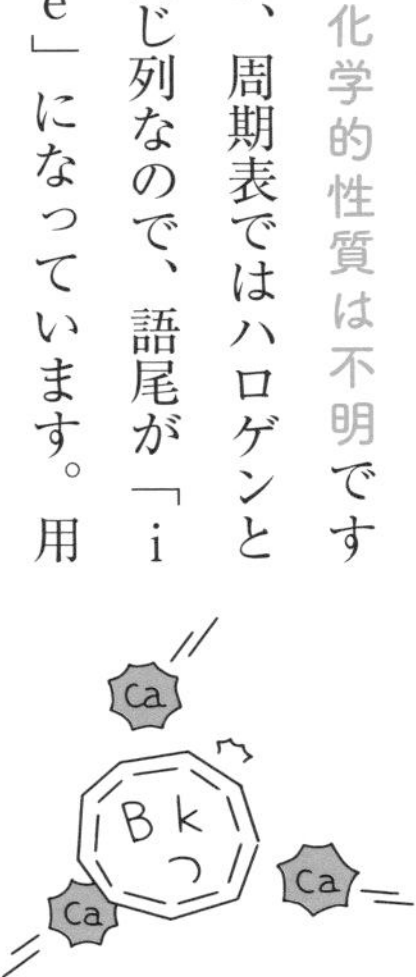

117

Ts テネシン

ハロゲンと同じ列なので語尾はine

テネシンもロシアとアメリカの共同研究チームが発見した人工元素です。バークリウムにカルシウムイオンを衝突させることで合成されます。化学的性質は不明ですが、周期表ではハロゲンと同じ列なので、語尾が「ine」になっています。用途は主に研究用。

DATA

原子番号 117 元素記号 Ts 原子量（293） 周期 第7周期 族 第17族 常温・常圧での状態 ―― 融点 ―― 沸点 ――
発見年 2010年 主な存在場所 人工元素

118

Og オガネソン

現在周期表のラスト。貴ガス列で語尾はon

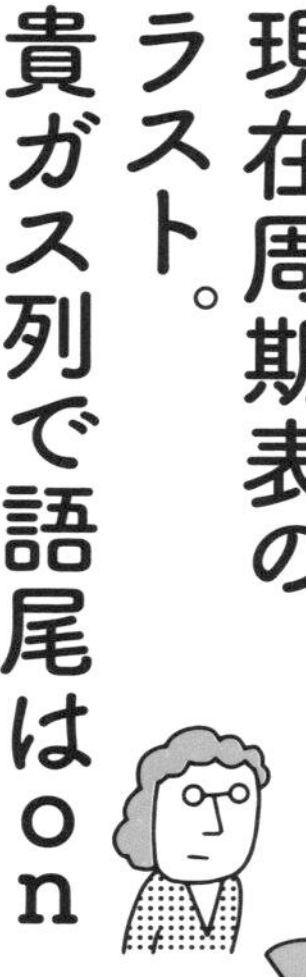

オガネソンは現在周期表に記載されている元素のなかで最も重い元素です。この発見は、ロシアとアメリカの共同研究チームによるもので、カリホルニウムにカルシウムイオンをぶつけることで合成に成功しました。元素名はロシアの研究チーム代表者である物理学者オガネシアンにちなんで命名。性質は不明ですが、周期表で貴ガスと同じ列なので、語尾はonになりました。

DATA

原子番号 118 元素記号 Og 原子量 (294) 周期 第7周期 族 第18族 常温・常圧での状態 —— 融点 —— 沸点 ——
発見年 2006年 主な存在場所 人工元素

column

仮の元素名「ウンウン」とは

新元素が発見されても、科学的な検証を経て周期表に載るまでには長い時間がかかります。それまでは原子番号の各数字にラテン語、またはギリシャ語の数字の名称(左図参照)を与え、語尾にiumをつけたものを仮の元素名(系統名)として用いるのがルールです。たとえば、オガネソンも、かつてはラテン語で118を意味する「ウンウンオクチウム」と呼ばれていました。

0	ニル
1	ウン
2	ビ
3	トリ
4	クアド
5	ペント
6	ヘキス
7	セプト
8	オクト
9	エン

第3章

これだけは押さえておきたい！

元素の基礎

元素、原子、分子、素粒子、それぞれの意味と違い

世のなかに存在するすべての物質はすべて原子でできています。原子の大きさは約0・1ナノメートル（100億分の1メートル）ほど。原子核（陽子、中性子）を中心に、その周りを回る電子から構成されています。原子の基本的な性質は、原子核に含まれる陽子（プラスの電気を持つ）の数で決まり、電子（マイナスの電気を持つ）の数もこれに対応して決まります。また、原子につけられる「原子番号」は、陽子の数と同じ数字になっています。

このように、原子は物質の最小単位ではありません。さらにいえば陽子、中性子も、より小さな素粒子に分けることができます。「これ以上分けられない根源的な物質」は、原子ではなく、この素粒子なのです。しかし、私たちが物質を利用する際の手がかりとなる「性質」という情報を持つのは原子ですから、いまも有用な単位として、使われています。

「元素」は原子の種類を表す言葉

では元素とはなんでしょうか。元素は、原子をそれぞれの性質によって分類したときの「種類」を表す概念です。原子を「化学的な性質」からとらえる際の表現と考えてもよいでしょう。2021年8月現在では、118種類の元素の存在が確認されています。

分子は2つ以上の原子が、電気的に安定した状態で結びついたものです。この結びつきを化学結合と呼び、原子の持つ電子の数が大きく影響します。

ミクロの世界の構成要素

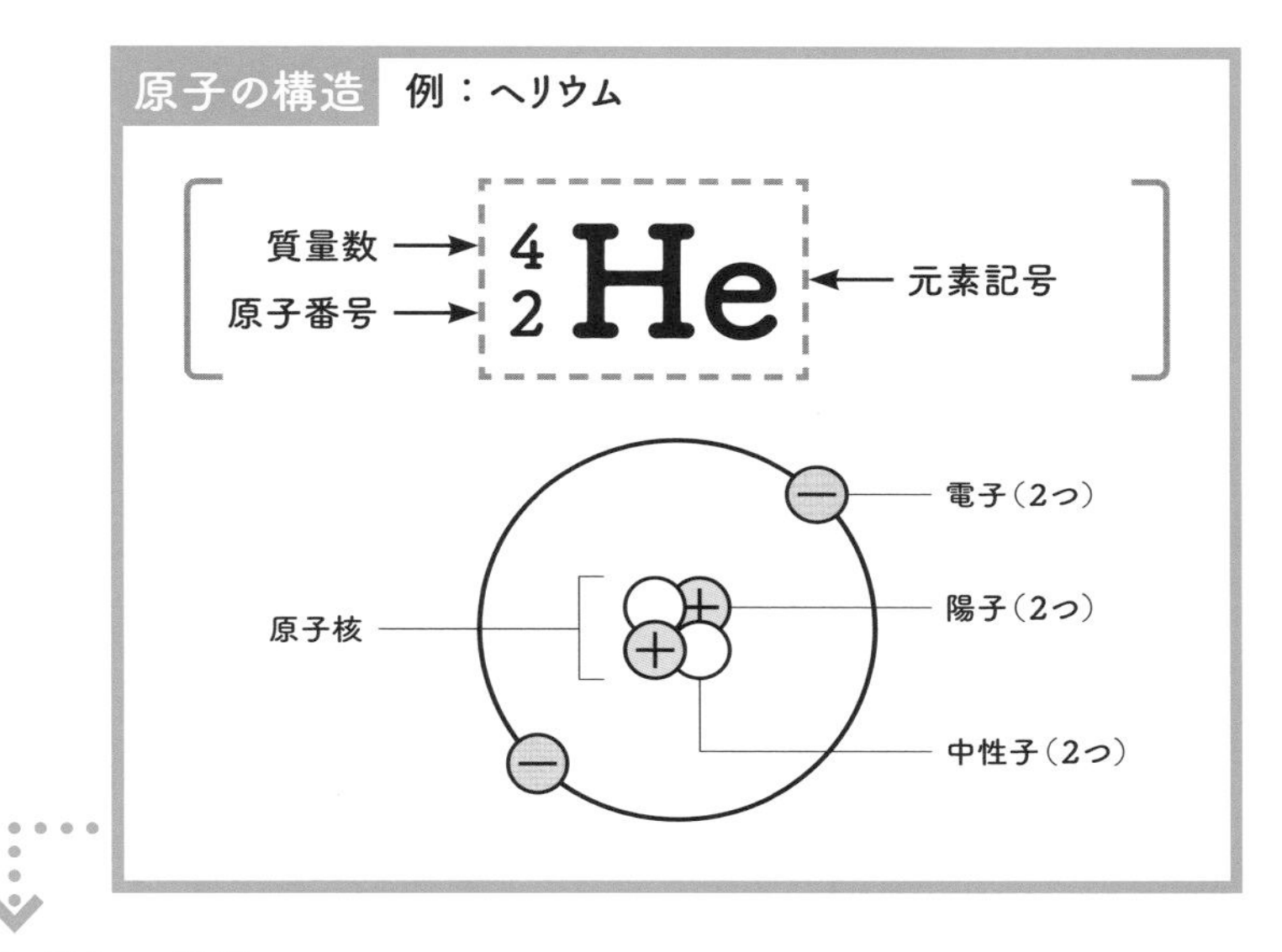

それぞれの意味

原子核	原子の中心にあり、陽子と中性子からできている粒子
陽子	原子核を構成する粒子。プラスの電気を持ち、質量は電子の約1836倍。ヘリウムでは2個存在する。
電子	原子核の周りに分布してマイナスの電気を持つ素粒子。数は陽子の数と同じで、ヘリウムでは2個。
中性子	陽子とともに原子核を構成する粒子。電荷がなく中性
元素記号	元素、あるいは原子の種類を表すための記号。ヘリウムでは「He」
質量数	原子核を構成する陽子と中性子の合計数
原子番号	陽子の数と同じ

分子 とは、2つ以上の原子が、電気的に安定した状態で結びついた粒子

元素 とは、原子の種類を示す概念

元素の種類はビッグバン直後から現在まで増え続けている

元素はいつ、どこで生まれたのでしょうか。まずいまから約１３８億年前、宇宙のはじまりであるビッグバンが起きた約1万分の1秒後に、原子に欠かせない陽子と中性子が誕生しました。そして約3分後には水素、ヘリウム、少量のリチウム（原子番号でいうと1～3番まで）の原子核が形成されます。しかし、ここに電子が加わって原子となるまでには時間がかかりました。最初の原子が生まれたのはビッグバンの約38万年後、宇宙が約３０００℃程度にまで冷えたときと考えられています。

恒星のエネルギーが元素を生んだ

宇宙に誕生した水素原子とヘリウム原子は互いに集まり、数億年後には光を放つようになります。これが恒星で、光は星の中心部で起こる核融合反応（１１６ページ参照）によるものです。恒星が太陽の半分よりも大きくなると、核融合反応によって、水素とヘリウムから、さらに重い原子が合成されるようになります。質量が太陽の半分～8倍の恒星では炭素（原子番号6番）から酸素（8番）まで、8～10倍の恒星はアルミニウム（13番）まで、10倍以上の恒星では鉄（26番）まで合成されます。

鉄が生まれたあとは、鉄より原子核が大きい元素はつくられません。やがて星の内部に核融合をする物質がなくなると超新星爆発を起こします。この爆発のエネルギーが92番ウランまでの元素を生み出した、というのが現在考えられている元素誕生の起源です。93番以降の元素は、基本的に、人類がつくり出した人工元素です。

宇宙にあるエネルギーが元素を生む

ビッグバンから現在まで

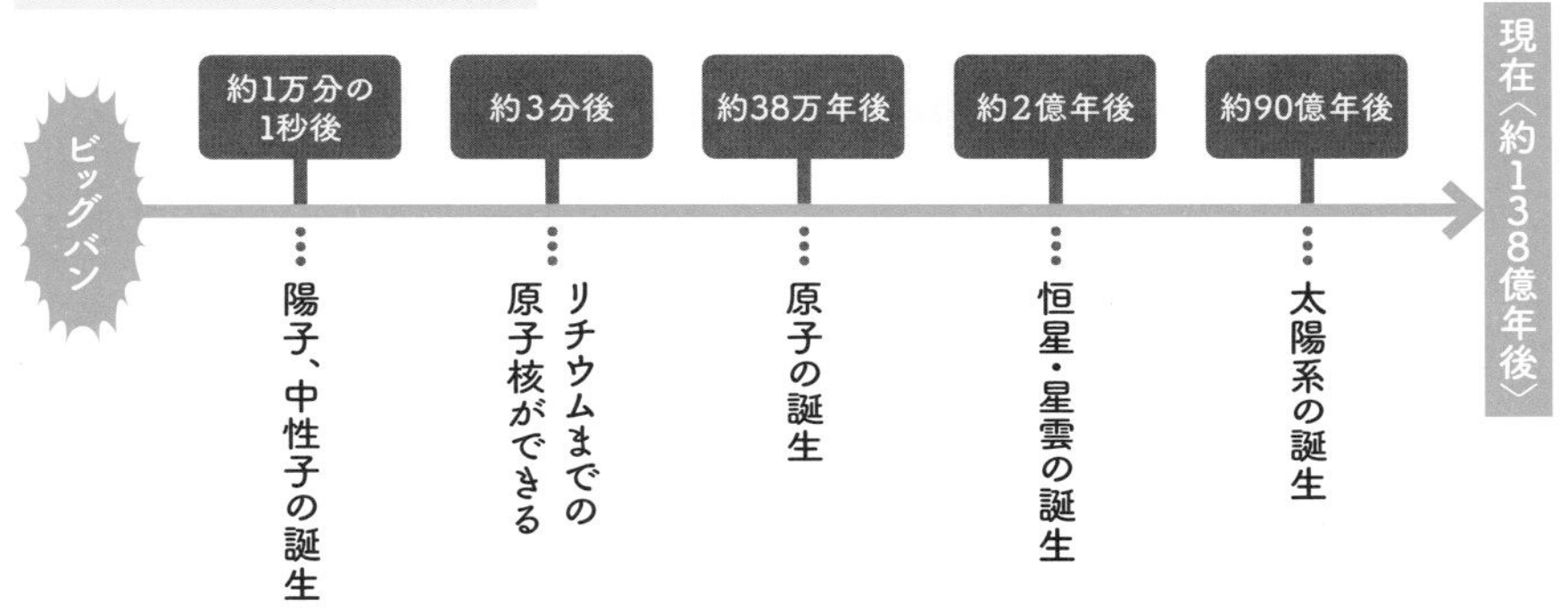

恒星の大きさによって生み出される元素は異なる

● 太陽の0.5～8倍の恒星

中心部で、3つのヘリウムが核融合して炭素に、さらに炭素とヘリウムが結合して酸素が合成される。終末期、水素とヘリウムを使い果して膨張し、やがて惑星状星雲となる。水素とヘリウムは宇宙空間に放出され、炭素と酸素は白色矮星となる。

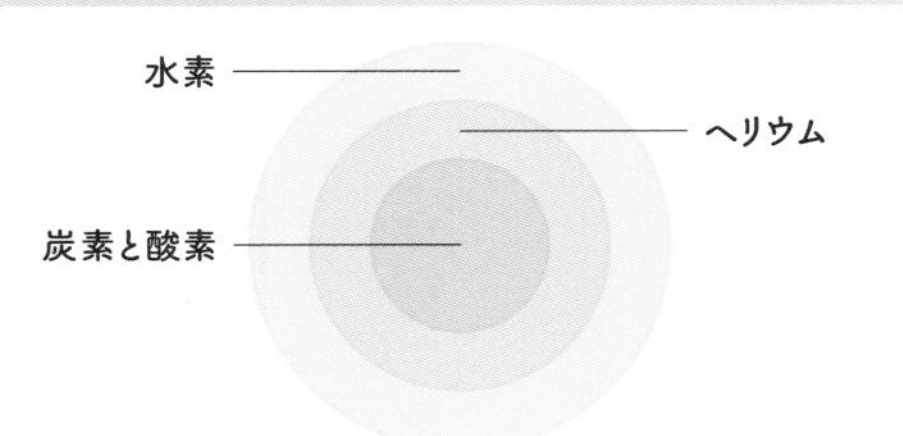

● 太陽の8～10倍の恒星

中心部で、2つの炭素が核融合しネオンとヘリウムができる。さらにネオンをもとにナトリウムができ、ナトリウムはマグネシウムとなる。終末期、超新星爆発を起こし、酸素とネオンとマグネシウムは白色矮星となる。

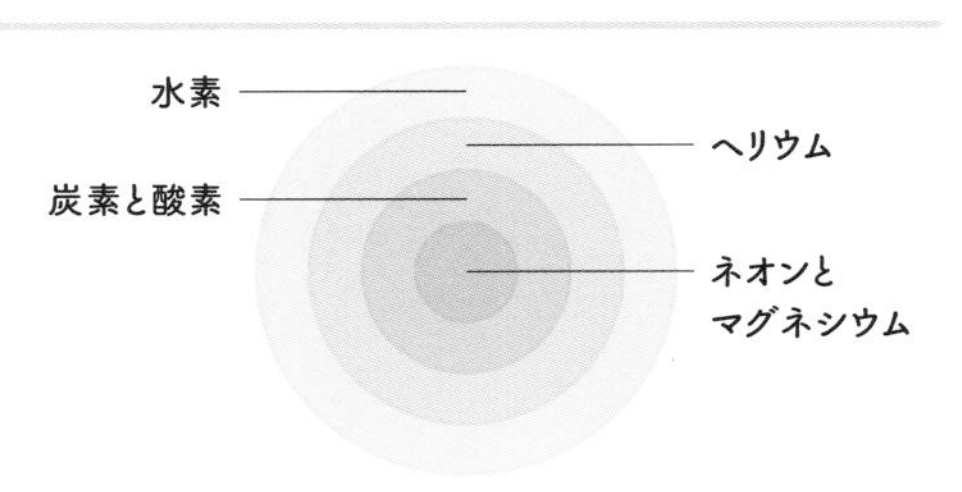

● 太陽の10倍以上の恒星

中心部で、2つの酸素が融合しケイ素とヘリウムができる。さらに核融合が進み最終的に鉄が合成される。鉄は、原子核が最も大きい元素であるため、恒星内部では鉄よりも質量数が大きい元素はつくられない。

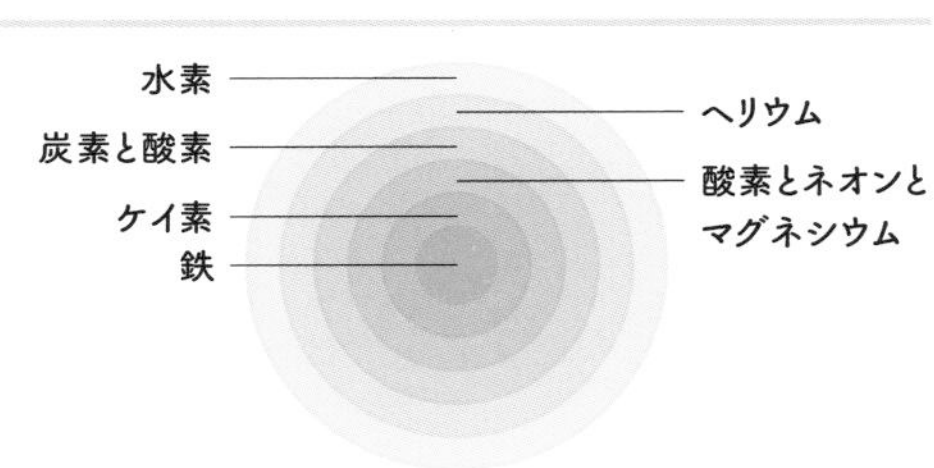

すべての元素を整理して掲載している「元素周期表」

19世紀には、元素には規則（周期律）があることがわかっていました。その1つが元素を原子量（水素原子の重さを1としたときの原子の重さ）の順に並べると、融点や密度が規則的に変化するという点です。メンデレーエフはこれに基づき、1869年に最初の元素周期表を発表します。しかし当時は原子が本当に存在するのかさえわかっておらず、ネオンなどの貴ガスも発見されていませんでした。

しかし、20世紀初頭に原子の存在が実験的に確認され、量子力学という分野が生まれたことで、その構造が明らかになったのです。こうして周期表は原子量ではなく原子番号（原子核を構成する陽子の数）の順に並ぶようになりました。

電子のありかたがそれぞれ異なる

現在の周期表の並びかたは、原子の電子配置（電子が入る電子殻と電子軌道）と密接な関係があります。

電子殻とは、原子核をとりまく円状の軌道のことで、それぞれに収容できる電子の数が決まっています。内側からK（収容できる電子は2個）、L（同じく8個）、M（18個）、N（32個）、O（50個）、P（72個）、Q（98個）の7つが現在発見されており、これが周期表の横の列「周期」です。さらに電子殻はs、p、d、fという4種類の電子軌道の組み合わせでできており、1つの軌道には2つの電子しか入りません。この軌道の違いが、周期表の縦の列「族」（次項参照）になります。

電子配置から理解する元素周期表

縦の並びが「族」

横の並びが「周期」

元素周期表

	1	2	3	4	5	6	7	8	9	10	11	12	13	14	15	16	17	18
1																		
2																	F	Ne
3																	Cl	Ar
4																		
5																		
6			*															
7			☆															

＊＝ランタノイド

☆＝アクチノイド

※第3族第6周期のランタノイド、第3族第7周期のアクチノイドは、それぞれ15種類の元素が1つの枠に収められている。そのため表の下側に並べられている。

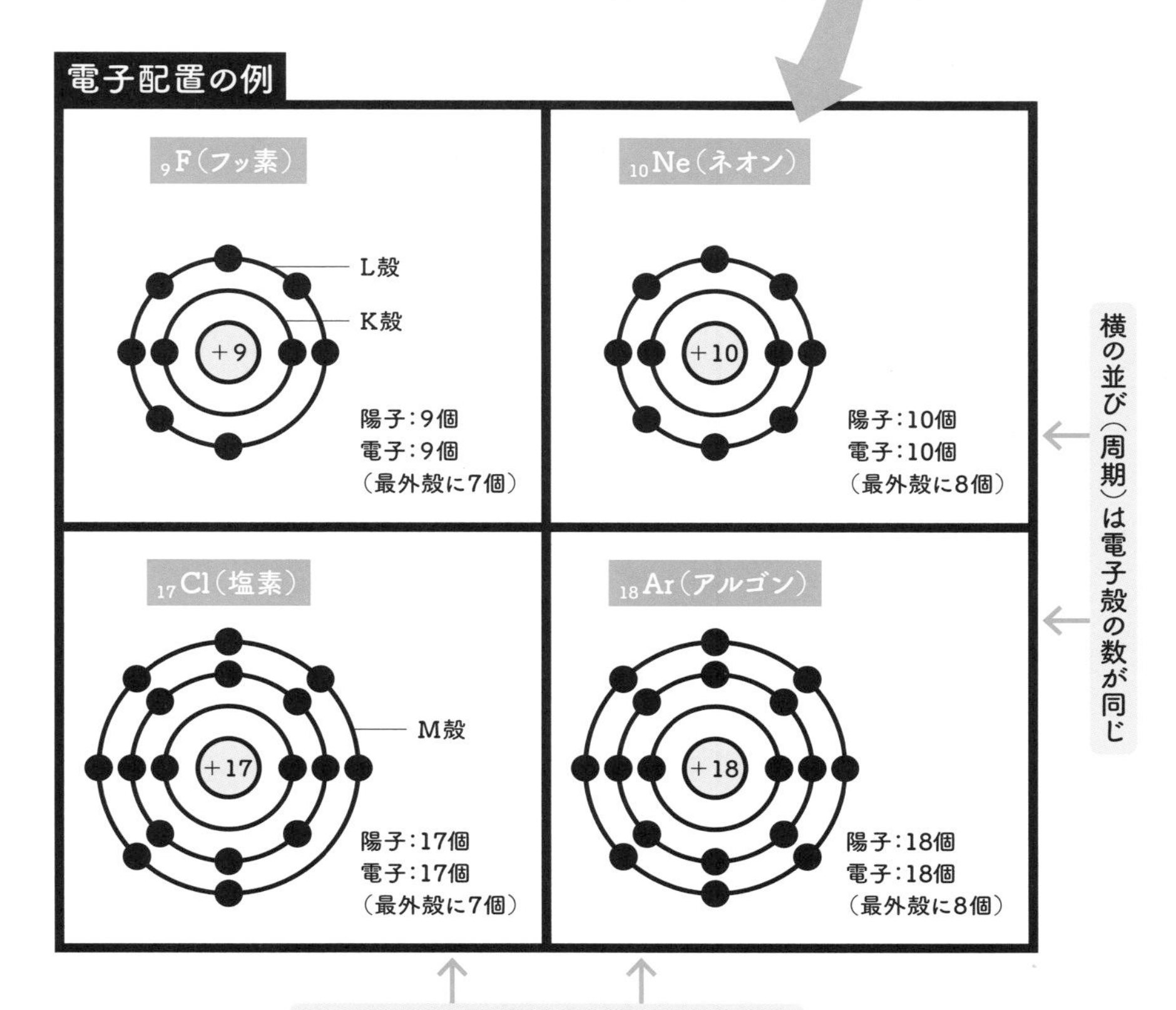

周期表の縦の列「族」を知れば、元素の性質がわかる

元素周期表（126ページ参照）の縦の並びを族といい、表の左から順に1～18族あります。同じ族の元素は最外殻電子（電子殻の1番外側の電子殻に入る電子で、これが元素の化学的性質を決めている）の数が同じになることが多いため、性質が似るのです。

18の族は2つの元素に大別することができます。1～2族と13～18族の元素を典型元素、3～12族の元素を遷移元素（または遷移金属）と呼んで分ける分類です。

わかりやすい性質、わかりにくい性質

典型元素（電子軌道のs軌道、p軌道に電子が入っている元素）は、族全体の性質がはっきりしているのが特徴です。これに対して、遷移元素（電子軌道のd軌道、f軌道に電子が入っている元素）は、性質がはっきりしておらず、縦の列よりも隣り合った横の元素のほうが似た性質になることがあります。ちなみに日本の高校化学では長い間、遷移元素を3族から11族までとしてきましたが、現在の国際基準では3族から12族までと定義するようになっています。

それぞれの族が持つ大まかな性質は左ページの一覧にまとめたとおりです。なお2族のアルカリ土類金属についても、日本の高校化学では「ベリリウムとマグネシウムを除く2族」としている場合がありますが、国際的には「2族全体」にするように変わってきています。同じ理由で18族の族名も「希ガス」ではなく「貴ガス」が使われるようになってきています。

1族～18族の別の呼び名

1族 ＝ アルカリ金属

水素以外のリチウム、ナトリウム、カリウム、ルビジウム、セシウム、フランシウムはアルカリ金属元素。ほかの元素と反応しやすい

2族 ＝ アルカリ土類金属

ベリリウム、マグネシウム、カルシウム、ストロンチウム、バリウム、ラジウムは、アルカリ金属に次いで反応性が高いアルカリ土類金属

3族 ＝ 希土類元素、アクチノイド

スカンジウム、イットリウム、ランタノイド（15種類の元素が横に並ぶが、性質が非常によく似ている）は、同じような希少鉱物から得られるので希土類元素（レアアース）と呼ばれる。しかし、必ずしも量的に希少なわけではない。アクチノイドは、ランタノイドと同様に性質が似た15種類の元素が横に並び、これはすべて放射性元素。

4族 ＝ チタン族

チタン、ジルコニウム、ハフニウムは、チタン族元素。酸素と窒素と結びつきやすい。ラザホージウムは人工元素

5族 ＝ バナジウム族

バナジウム、ニオブ、タンタルはバナジウム族元素。熱に強く、腐食しにくい。ドブニウムは人工元素

6族 ＝ クロム族

クロム、モリブデン、タングステンはクロム族元素。同周期の元素に比べ融点が高い。シーボーギウムは人工元素

7族 ＝ マンガン族

マンガン、テクネチウム、レニウムはマンガン族元素と呼ばれるが、性質の共通点は多くない。マンガン以外は非常に希少。ボーリウムは人工元素

8族～10族 ＝ 鉄族、白金族など

8から10族は遷移元素のなかでもとりわけ同周期の元素と性質が似ている。第4周期の鉄、コバルト、ニッケルは鉄族元素。第5、6周期のルテニウム、ロジウム、パラジウム、オスミウム、イリジウム、白金は白金族元素。第7周期のハッシウム、マイトネリウム、ダームスタチウムは人工元素

11族 ＝ 銅族

銅、銀、金は銅族元素。加工しやすく、電気や熱を伝えやすい。レントゲニウムは人工元素

12族 ＝ 亜鉛族

亜鉛、カドミウム、水銀は亜鉛族元素。人体に吸収されやすい性質があるが、亜鉛以外は有害。コペルニシウムは人工元素

13族 ＝ ホウ素族

ホウ素、アルミニウム、ガリウム、インジウム、タリウムはホウ素族元素。いずれも地殻内部に存在。ニホニウムは人工元素

14族 ＝ 炭素族

炭素、ケイ素、ゲルマニウム、スズ、鉛は炭素族元素。性質は異なるが、それぞれ生物体やIT 機器などに不可欠。フレロビウムは人工元素

15族 ＝ 窒素族

窒素、リン、ヒ素、アンチモン、ビスマスは窒素族元素。窒素、リンは人体に必須だが、ヒ素、アンチモンは有害。モスコビウムは人工元素

16族 ＝ 酸素族

酸素、硫黄、セレン、テルル、ポロニウムは酸素族元素。カルコゲン（鉱物をつくる元素）ともいう。ほかの元素から電子を奪う。リバモリウムは人工元素

17族 ＝ ハロゲン

フッ素、塩素、臭素、ヨウ素は、ハロゲン元素。ほかの元素と反応しやすい。アスタチン、テネシンは人工元素

18族 ＝ 貴ガス

ヘリウム、ネオン、アルゴン、クリプトン、キセノン、ラドンは、ほかの元素と反応しにくいので貴ガス（日本では「希ガス」とも）と呼ばれる。常温では気体。オガネソンは人工元素

金属、半金属、非金属に分類可能 元素のほとんどは金属元素

元素を分類する代表的なもう1つの方法が「金属元素」「非金属元素」という分け方です。

典型的な金属の定義には、たとえば、常温で固体となり特有の光沢があること（水銀は除く）、電気を通しやすいこと（導電性）、熱を伝えやすいこと、衝撃を加えると薄い板状に広がること（展性）、引っ張ると細くのびること（延性）、外力を加えると元に戻ろうとすること（弾性）などがあります。

118の元素のほとんどが金属元素で、非金属元素は周期表上で1番左上の水素と右上側の若干の元素です。

個性的なふるまいをする半金属元素

たとえば、見た目は金属らしい光沢があるのに弾性がなかったり、電気をあまり通さなかったり、温度が高くなると電気をよく通すようになったり（金属は温度が高くなると電気抵抗が大きくなります）と、金属元素とは違った性質を持つ元素があります。こうした元素を「半金属元素」と呼び、周期表上では右上の非金属元素と左側の金属元素の境目の斜めの線上に並んでいます。しかし、この境目はあいまいで、ときによって半金属に分類されたり、されなかったりする元素もあります。

たとえば、ゲルマニウムやケイ素の結晶は、見た目には金属のようにピカピカ光って見えますが、常温では電気をあまり通さず、温度が高くなるほど電気をよく通すようになります。こうした性質を持つ物質を「半導体」と呼びます。

周期表で見る金属、半金属、非金属

非金属元素
Non-metal element

単体が金属の典型的な特徴を持たない元素。常温で気体のものが多い。電気や熱の伝導性がよくなく、陰イオンになりやすい。水素以外は、周期表の右上方に集中している。

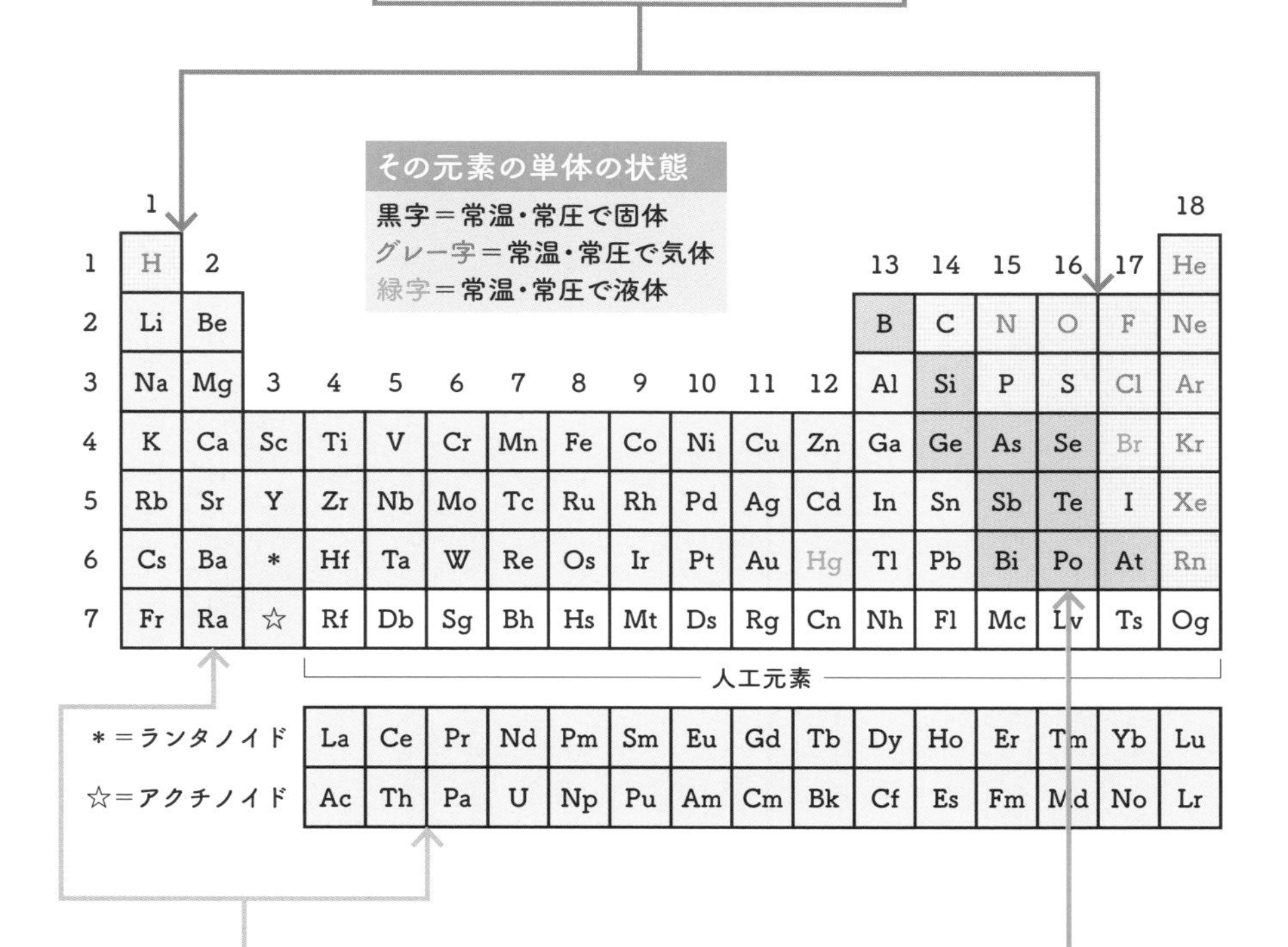

金属元素
Metal element

単体は金属を形成する元素。光沢、電気・熱の伝導性を持つのが大きな特徴。周期表においては、左下方に位置し、第1族〜第12族元素は水素を除いてすべて金属元素。第13族以降にも存在する。

半金属元素
Metalloid element

金属元素と非金属元素の中間的性質を持つ元素。単体は常温で固体となる。周期表においては、右上の非金属元素、左下の金属元素の中間の対角線付近に位置する。境目は必ずしも明確ではない。

原子の仕組みが反応を引き起こし、元素は結びついたり、変化したりする

元素と元素はさまざまな方法で結びつき、多様な化合物をつくります。物質がほかの物質と反応して、ほかの物質をつくることを化学反応といいます。元素そのものの性質と同様に化学反応の仕組みを知ることも大切です。まず混合物と化合物の違いを確認しましょう。

混合物とは、複数の物質が化学反応のない状態で混ざりあったものです。溶液（海水など）、コロイド溶液（牛乳など）、懸濁液（泥水など）などがその例で、いずれも化合物ではなく、ろ過などの物理的な方法で分離することが可能です。

これに対し、化合物は異なる元素の原子同士が結びついた物質のことで、この結びつきを化学結合と呼びます。1種類の元素の原子だけが結びついた物質は、化合物とは呼ばず単体と呼びます。

代表的な化学結合は、たとえば、陰イオンと陽イオンが引き合うイオン結合（金属元素と非金属元素で起こる）、最外電子殻にある電子を共有する共有結合（貴ガス以外の非金属元素同士で起こる）、金属内で原子が規則正しく並んで結晶をつくる金属結合などがあります。

結合だけでなく、融合や分裂も

また、元素自体がほかの元素に変化する反応を核反応と呼び、原子核そのものが変化するのが特徴です。核融合反応（複数の原子核がくっついて新たな原子核になる）と、核分裂反応（大きな原子核が小さな原子核に分かれる）があります。

原子の仕組みが化学反応や核反応を起こす

●化学結合

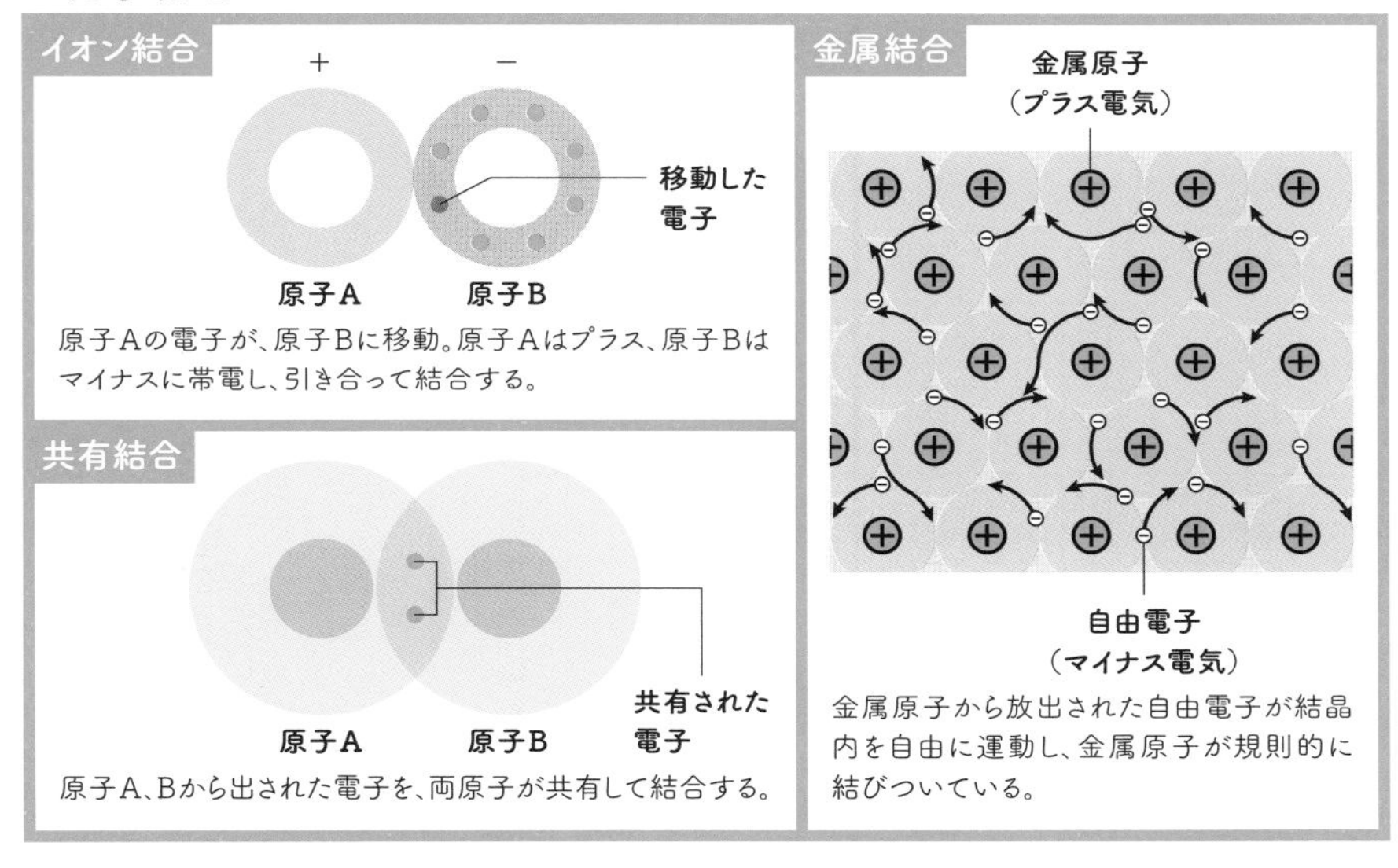

●核反応

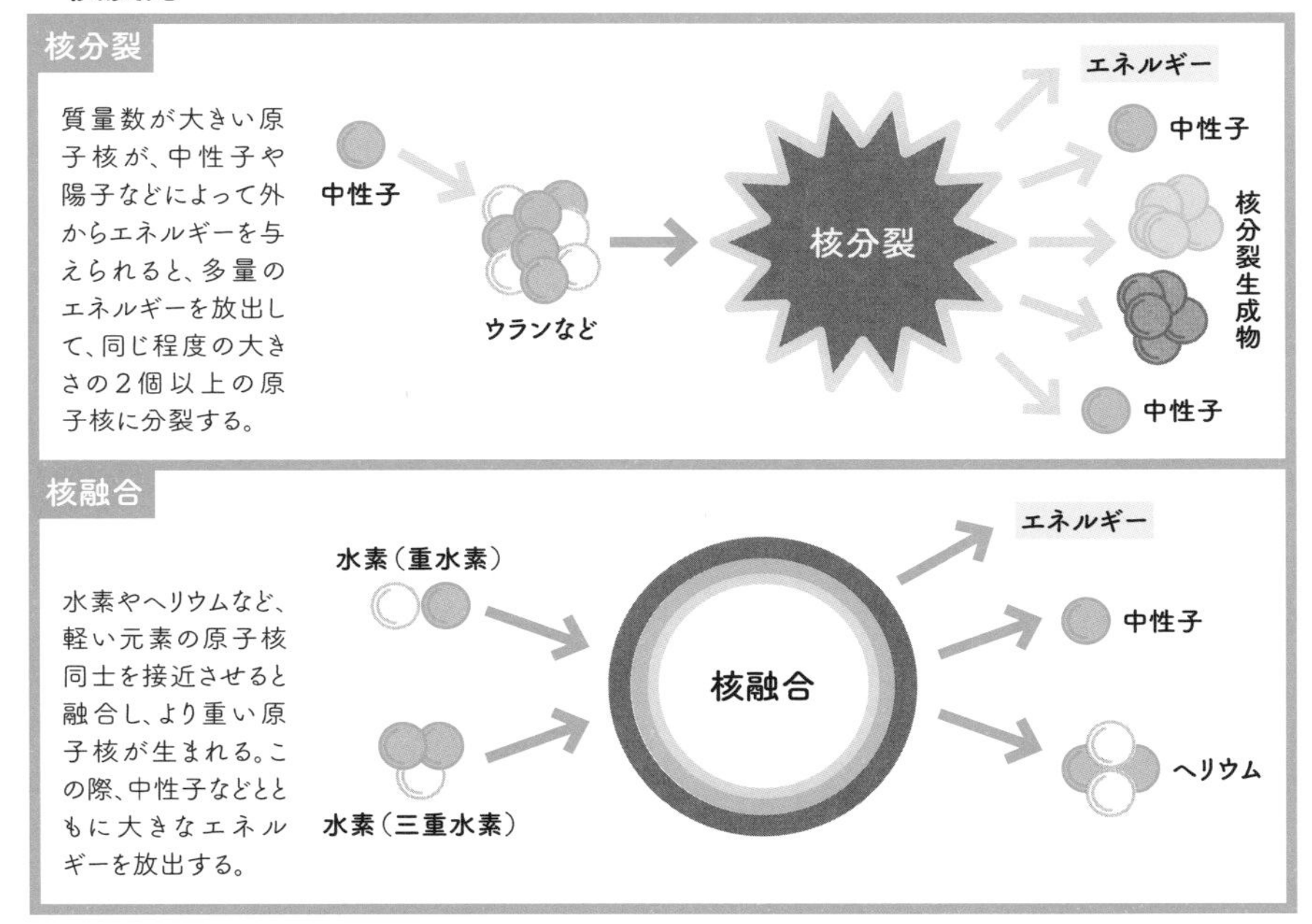

日本発の新元素ニホニウム登場！119番以降の新元素はどうなる？

					3族	4族	5族	6族	7族	8族	9族	10族	11族	12族	13族	14族	15族	16族	17族	18族
																				2 He
															5 B	6 C	7 N	8 O	9 F	10 Ne
															13 Al	14 Si	15 P	16 S	17 Cl	18 Ar
					21 Sc	22 Ti	23 V	24 Cr	25 Mn	26 Fe	27 Co	28 Ni	29 Cu	30 Zn	31 Ga	32 Ge	33 As	34 Se	35 Br	36 Kr
					39 Y	40 Zr	41 Nb	42 Mo	43 Tc	44 Ru	45 Rh	46 Pd	47 Ag	48 Cd	49 In	50 Sn	51 Sb	52 Te	53 I	54 Xe
66 Dy	67 Ho	68 Er	69 Tm	70 Yb	71 Lu	72 Hf	73 Ta	74 W	75 Re	76 Os	77 Ir	78 Pt	79 Au	80 Hg	81 Tl	82 Pb	83 Bi	84 Po	85 At	86 Rn
98 Cf	99 Es	100 Fm	101 Md	102 No	103 Lr	104 Rf	105 Db	106 Sg	107 Bh	108 Hs	109 Mt	110 Ds	111 Rg	112 Cn	113 Nh	114 Fl	115 Mc	116 Lv	117 Ts	118 Og
150	151	152	153	154	155	156	157	158	159	160	161	162	163	164	139	140	169	170	171	172
															167	168				

自然界に存在する元素は原子番号92番のウランまでで、93～１１８番は基本的に人工的につくられた元素です。最初は核実験や原子力発電の過程で発見されていましたが、現在では加速器という装置で電子や陽子、原子核を猛スピードで衝突させ、新元素を生み出しています。日本の理化学研究所の森田浩介博士らが発見し、２０１５年に周期表に載ることが決まった１１３番のニホニウムもその成果の１つです。

ちなみに、かつて「ニッポニウム」という元素の存在が論議されたことがあります。それは１９０８年のこと。当時未発見だった43番元素を、日本の小川正孝博士が鉱物中から発見したとしてニッポニウムと名づけたのです。結果的には間違いで、43番元素は29年後に、最初

ピューッコ博士の拡張周期表

ピューッコ博士は、未知の元素では、原子核の周りにどのように電子が配置されるか理論的に計算し、この表をつくった。理論上では、第8周期の元素の最外殻は「R殻」になると考えられている。また、121番元素以降は、電子軌道がs、p、d、fだけでなくg軌道も関係してくるとされている。

	1族	2族	3族																		3族								
1周期	1 H																												
2周期	3 Li	4 Be																											
3周期	11 Na	12 Mg																											
4周期	19 K	20 Ca																											
5周期	37 Rb	38 Sr																											
6周期	55 Cs	56 Ba																			57 La	58 Ce	59 Pr	60 Nd	61 Pm	62 Sm	63 Eu	64 Gd	65 Tb
7周期	87 Fr	88 Ra																			89 Ac	90 Th	91 Pa	92 U	93 Np	94 Pu	95 Am	96 Cm	97 Bk
8周期	119	120	121	122	123	124	125	126	127	128	129	130	131	132	133	134	135	136	137	138	141	142	143	144	145	146	147	148	149
9周期	165	166																											

の人工元素テクネチウムとして改めて発見されました。その後、小川博士が作成した試料は、周期表で43番の真下にある75番元素のレニウム（1925年発見）だったことがわかりました。

119以降の新元素はどうなる？

現在、理論上では、元素は170種類以上存在すると考えられています。それに基づいて、フィンランドのペッカ・ピューッコ博士は、2011年に172番までの元素を並べた拡張周期表（上記）を発表しました。なぜこんなに横長なのかというと、現在広く使われている周期表は、3族のf軌道が関係するランタノイド、アクチノイドを表の外に表記していますが、これを組み込み、さらに、121番以上では、それまで関係しなかったg軌道に電子が入るようになるので、その元素を組み込んだためです。

この表では、119〜172番元素は、これまでにはなかった第8〜9周期に組み込まれています。

column

中性子の数が違う「同位体」、結合が違う「同素体」

同じ元素でも、原子核を構成する陽子の数は同じなのに、中性子の数が異なっていることがあります。こうしたものが同位体です。

同位体には、不安定（その状態でい続けることができない）で、時間をかけて別の元素や同位体に変わるものがあります。考古学、岩石学などの研究では、その変化の様子を調べることで年代測定を行っています。同位体には短寿命のものや長寿命のものがあり、その長さによって年代測定できる年数が変わります。

また、同じ単体でも結合の仕方や、原子の配列によって性質が一変するものがあり、これを同素体といいます。

● 同位体　＊「水素」における中性子の数の違い

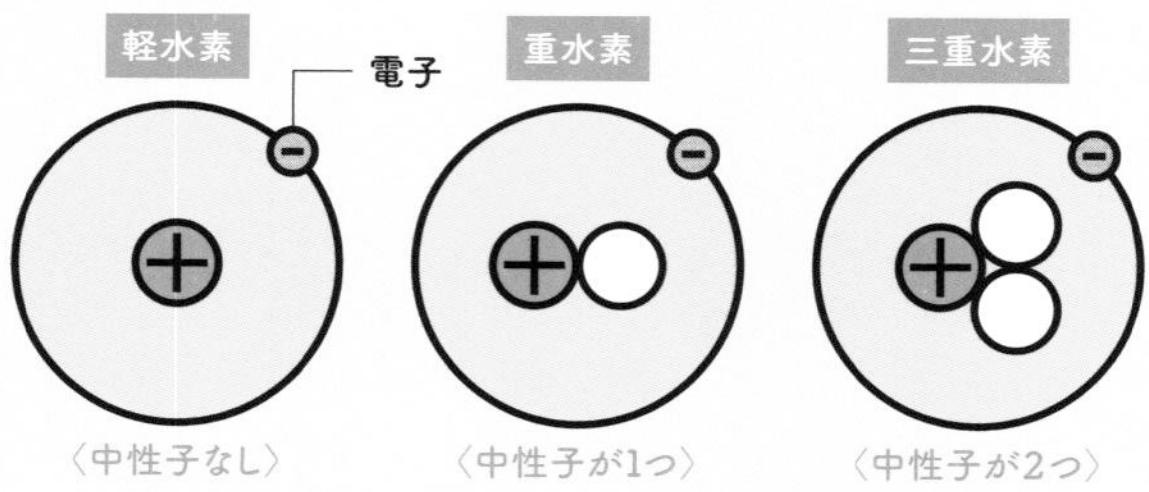

いずれの水素であっても、水素としての化学的性質は同じ。

● 同素体　＊「酸素」における結合の違い

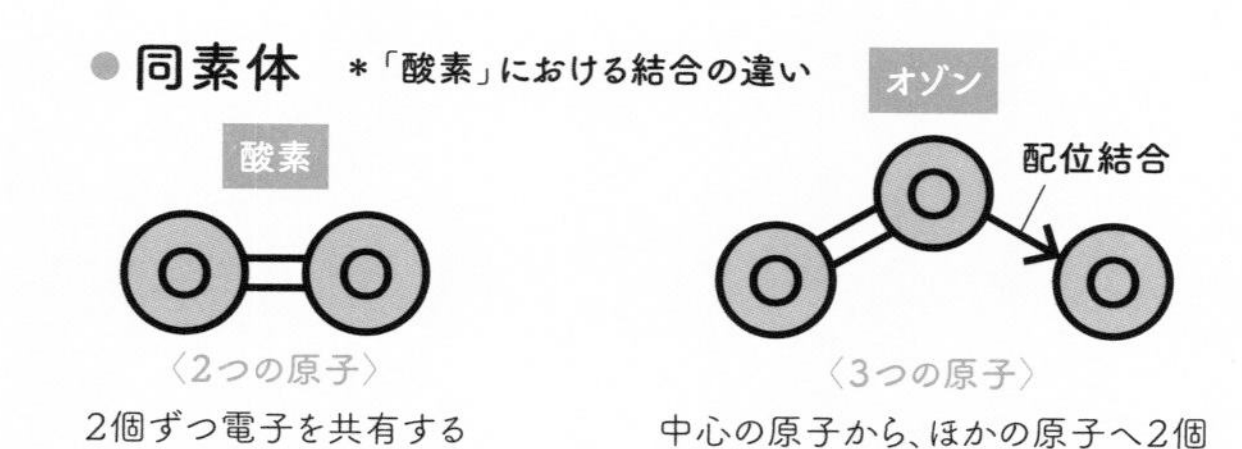

2個ずつ電子を共有する共有結合

中心の原子から、ほかの原子へ2個の電子を供出する配位結合がある

酸素は無色・無臭だが、オゾンは淡青色で刺激臭をもつ。

索引

元素名

ア行

カ行

サ行

タ行

ナ行

ハ行

マ行

ヤ行

ラ行

人物名

化合物・同素体・同位体名

●参考文献

『理科年表 第94冊（令和3年）』国立天文台 編纂（丸善）
『世界で一番美しい元素図鑑』セオドア・グレイ 著、若林文高 監修（創元社）
『元素キャラクター図鑑』若林文高 監修、いとうみつるイラスト（日本図書センター）
『元素と周期表が7時間でわかる本』PHP研究所 編（PHP研究所）
『元素のすべてがわかる図鑑』若林文高 監修（ナツメ社）
『ぜんぶわかる118元素図鑑』子供の科学編集部 編（誠文堂新光社）
『元素生活 完全版』寄藤文平 著（化学同人）
『ビジュアル大百科 元素と周期表』
トム・ジャクソン 著、ジャック・チャロナー・藤嶋昭 監修（化学同人）
『完全図解 元素と周期表 改訂第2版』（ニュートンプレス）
『元素大図鑑』桜井弘 監修（ニュートンプレス）

●写真提供

高エネルギー加速器研究機構素粒子原子核研究所
日本メジフィジックス
NASA
アマナイメージズ
PIXTA
フォトライブラリー

●スタッフ

カバーデザイン：TYPEFACE（CD 渡邊民人　D 清水 真理子）
本文デザイン：TYPEFACE（D 清水 真理子）
DTP：TYPEFACE（武田梢）
イラスト：大野文彰
構成・文：古田 靖
校正：小池晶子
編集：風土文化社
企画・編集：松浦美帆（朝日新聞出版）

10	11	12	13	14	15	16	17	18
								2 He Helium ヘリウム
			5 B Boron ホウ素	6 C Carbon 炭素	7 N Nitrogen 窒素	8 O Oxygen 酸素	9 F Fluorine フッ素	10 Ne Neon ネオン
			13 Al Aluminum アルミニウム	14 Si Silicon ケイ素	15 P Phosphorus リン	16 S Sulfur 硫黄	17 Cl Chlorine 塩素	18 Ar Argon アルゴン
28 Ni Nickel ニッケル	29 Cu Copper 銅	30 Zn Zinc 亜鉛	31 Ga Gallium ガリウム	32 Ge Germanium ゲルマニウム	33 As Arsenic ヒ素	34 Se Selenium セレン	35 Br Bromine 臭素	36 Kr Krypton クリプトン
46 Pd Palladium パラジウム	47 Ag Silver 銀	48 Cd Cadmium カドミウム	49 In Indium インジウム	50 Sn Tin スズ	51 Sb Antimony アンチモン	52 Te Tellurium テルル	53 I Iodine ヨウ素	54 Xe Xenon キセノン
78 Pt Platinum 白金	79 Au Gold 金	80 Hg Mercury 水銀	81 Tl Thallium タリウム	82 Pb Lead 鉛	83 Bi Bismuth ビスマス	84 Po Polonium ポロニウム	85 At Astatine アスタチン	86 Rn Radon ラドン
110 Ds Darmstadtium ダームスタチウム	111 Rg Roentgenium レントゲニウム	112 Cn Copernicium コペルニシウム	113 Nh Nihonium ニホニウム	114 Fl Flerovium フレロビウム	115 Mc Moscovium モスコビウム	116 Lv Livermorium リバモリウム	117 Ts Tennessine テネシン	118 Og Oganesson オガネソン

63 Eu Europium ユウロピウム	64 Gd Gadolinium ガドリニウム	65 Tb Terbium テルビウム	66 Dy Dysprosium ジスプロシウム	67 Ho Holmium ホルミウム	68 Er Erbium エルビウム	69 Tm Thulium ツリウム	70 Yb Ytterbium イッテルビウム	71 Lu Lutetium ルテチウム
95 Am Americium アメリシウム	96 Cm Curium キュリウム	97 Bk Berkelium バークリウム	98 Cf Californium カリホルニウム	99 Es Einsteinium アインスタイニウム	100 Fm Fermium フェルミウム	101 Md Mendelevium メンデレビウム	102 No Nobelium ノーベリウム	103 Lr Lawrencium ローレンシウム

元素周期表

周期	1族	2	3	4	5	6	7	8	9
1周期	1 H Hydrogen 水素								
2	3 Li Lithium リチウム	4 Be Beryllium ベリリウム							
3	11 Na Sodium ナトリウム	12 Mg Magnesium マグネシウム							
4	19 K Potassium カリウム	20 Ca Calcium カルシウム	21 Sc Scandium スカンジウム	22 Ti Titanium チタン	23 V Vanadium バナジウム	24 Cr Chromium クロム	25 Mn Manganese マンガン	26 Fe Iron 鉄	27 Co Cobalt コバルト
5	37 Rb Rubidium ルビジウム	38 Sr Strontium ストロンチウム	39 Y Yttrium イットリウム	40 Zr Zirconium ジルコニウム	41 Nb Niobium ニオブ	42 Mo Molybdenum モリブデン	43 Tc Technetium テクネチウム	44 Ru Ruthenium ルテニウム	45 Rh Rhodium ロジウム
6	55 Cs Cesium セシウム	56 Ba Barium バリウム	57-71 ランタノイド *	72 Hf Hafnium ハフニウム	73 Ta Tantalum タンタル	74 W Tungsten タングステン	75 Re Rhenium レニウム	76 Os Osmium オスミウム	77 Ir Iridium イリジウム
7	87 Fr Francium フランシウム	88 Ra Radium ラジウム	89-103 アクチノイド ☆	104 Rf Rutherfordium ラザホーニウム	105 Db Dubnium ドブニウム	106 Sg Seaborgium シーボーギウム	107 Bh Bohrium ボーリウム	108 Hs Hassium ハッシウム	109 Mt Meitnerium マイトネリウム

ランタノイド * =	57 La Lanthanum ランタン	58 Ce Cerium セリウム	59 Pr Praseodymium プラセオジム	60 Nd Neodymium ネオジム	61 Pm Promethium プロメチウム	62 Sm Samarium サマリウム
アクチノイド ☆ =	89 Ac Actinium アクチニウム	90 Th Thorium トリウム	91 Pa Protactinium プロトアクチニウム	92 U Uranium ウラン	93 Np Neptunium ネプツニウム	94 Pu Plutonium プルトニウム

【監修】**若林文高**（わかばやし　ふみたか）
国立科学博物館名誉研究員。専門は触媒化学、物理化学、化学教育・化学普及。博士（理学）。1955年生まれ。京都大学理学部化学科卒業、東京大学大学院理学系研究科修士課程修了。主な監修・訳書に、『楽しい化学の実験室I・II』（東京化学同人）、R・ルイス、W・エバンス『基礎コース 化学』（同）、T・グレイ、N・マン『世界で一番美しい元素図鑑』（創元社）、『世界で一番美しい分子図鑑』（同）、『世界で一番美しい化学反応図鑑』（同）などがある。

図解　苦手を“おもしろい”に変える！
大人になってからもう一度受けたい授業

元素の世界

2021年11月30日　第1刷発行

監　修　若林文高

発行者　橋田真琴

発行所　朝日新聞出版
〒104-8011　東京都中央区築地5-3-2
電話（03）5541-8833（編集）
（03）5540-7793（販売）

印刷所　大日本印刷株式会社

ISBN　978-4-02-334038-1

定価はカバーに表示してあります。
落丁・乱丁の場合は弊社業務部（電話03-5540-7800）へご連絡ください。
送料弊社負担にてお取り替えいたします。